북극에 야자수가 자란다고?

기후 위기를 믿지 않는 너에게

글 마크 테어 호어스트

네덜란드의 어린이책 작가입니다. 문학을 공부했지만 지질학, 천문학, 생물학에 더 관심이 있다는 걸 알게 되었습니다. 국립 교육과정 개발 연구소에서 일하며 글쓰기 재능을 발견했고 전문 카피라이터로 일하며 여러 웹사이트, 자연사 박물관, 교육 출판사를 위한 글을 썼습니다. 어린이 논픽션을 쓰고 있고, 국내에 출간된 책으로는 『안녕! 지구인』이 있습니다.

그림 웬디 판더스

네덜란드의 그래픽 디자이너이자 일러스트레이터입니다. 로테르담에 있는 빌럼 더코닝 아카데미에서 그래픽 디자인을 공부했습니다. 여러 신문, 잡지, 도서에 일러스트레이션 작업을 하고 있으며 가장 좋아하는 분야는 어린이책입니다. 2011년에는 네덜란드 최고의 일러스트레이션 도서에 수여하는 골든 페인트브러시 명예상을 수상했습니다. 국내에 출간된 책으로는 『안녕! 지구인』『시간은 펠릭스 마음대로 흐른다』『가짜 vs 진짜』 들이 있습니다.

옮김 이정희

대학에서 신문방송학을 공부하고, 프리랜스 편집자이자 번역가로 활동하고 있습니다. 옮긴 책으로는 『할아버지의 나무공방』『오늘부터 문자 파업』『맥거크 탐정단』『어반 우즈맨』『반둘라』『동의가 서툰 너에게』『거친 산』 들이 있습니다.

북극에 야자수가 자란다고? 글 마크 테어 호어스트 그림 웬디 판더스 옮김 이정희

초판 1쇄 펴낸날 2022년 10월 20일
펴낸이 김병오 **편집장** 이향 **편집** 김샛별 안유진 조웅연 **디자인** 정상철 배한재 **홍보마케팅** 한승일 이서윤 강하영
펴낸곳 (주)킨더랜드 **등록** 제406-2015-000037호 **주소** 경기도 파주시 회동길 512 B동 3F
전화 031-919-2734 **팩스** 031-919-2735
ISBN 978-89-5618-636-8 43450
제조자 (주)킨더랜드 **제조국** 대한민국 **사용연령** 8세 이상

북극에 야자수가 자란다고?

기후 위기를 믿지 않는 너에게

마크 테어 호어스트 글 웬디 판더스 그림 이정희 옮김

여섯번째봄

북극

그린란드

시슈머레프

알래스카

캐나다

북아메리카

밴쿠버
시애틀
캘리포니아
로스앤젤레스

미국

토론토

뉴욕

태평양

대서양

멕시코   멕시코만

하와이

코스타리카

아마존

남아메리카

브라질

볼리비아

리우데자네이루

칠레

남극

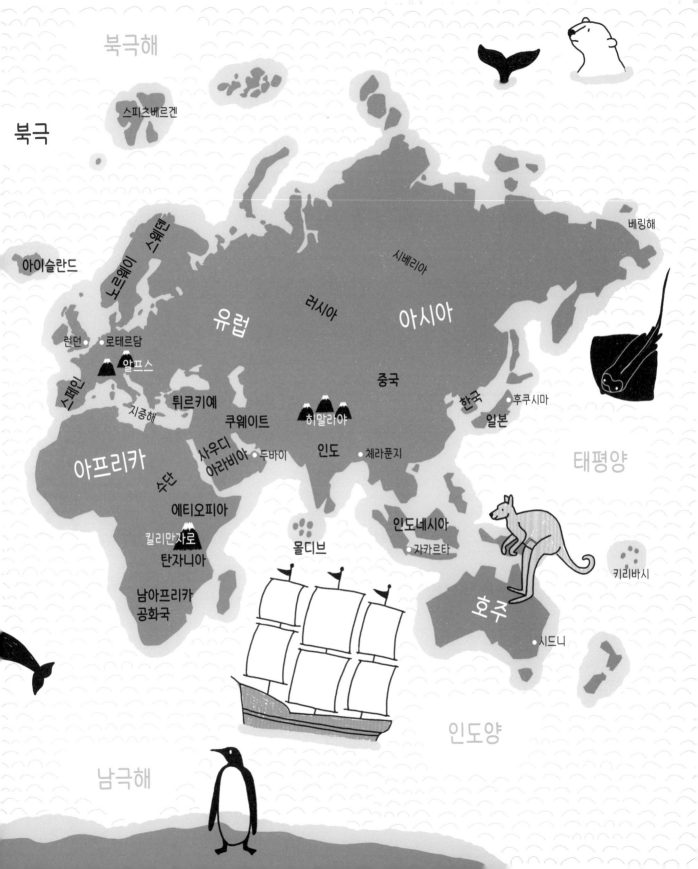

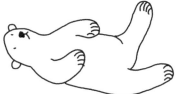

이 부분을 먼저 읽어야겠지?

옛날 옛적 북극에는 야자수가 자랐어. 상상이나 되니? 지금은 눈과 얼음밖에 없는 그곳에 열대 식물이라니 말이야. 그리고 미래에 또다시 북극에서 야자수가 발견될 수도 있어. 기후는 끊임없이 변화하거든. 빙하기에는 지구가 지금보다 훨씬 추웠어. 그리고 공룡 시대에는 지구가 지금보다 더 따뜻했지.

그런데 최근 몇 년 사이에 기후가 너무 빠르게 변하고 있어. 그래서 요즘 사람들이 기후 변화에 관한 이야기를 많이 하는 거야. 기후 변화는 간단한 문제가 아니야. 물리학, 화학, 지질학, 생물학, 기상학 같은 여러 학문이 복잡하게 얽혀 있는 어려운 문제야. 너나 나 같은 일반인이 그걸 다 이해할 수는 없겠지. 그렇지만 너도 궁금할 거야. 북극곰에게 지금 무슨 일이 일어나고 있는지, 왜 태풍이나 화재, 홍수에 관한 뉴스가 많이 나오는지.

그래서 내가 여기저기서 정보를 좀 모아 봤어. 인터넷을 뒤지고, 신문과 TV를 찾아보고, 책도 읽어 보고, 기후 변화에 대해 많이 아는 전문가들을 만나서 이야기도 많이 들었지. 그것들을 나를 위해, 그리고 너를 위해 정리해 봤어. 네가 이해하기 쉽게 말이야. 혹시 이해하기 어려운 부분이 나오더라도 너무 걱정하지는 마. 계속 읽다 보면 조금씩 알게 될 테니까.

북극곰이나 배기가스는 기후 변화의 한 부분에 지나지 않아. 물론 북극곰 얘기도 할 거야. 하지만 우리는 먼저 화산, 매머드, 공룡에 대해 이야기해야 해. 그러고 나면 오늘날의 기후 변화에 관한 모든 걸 읽게 될 거야. 무엇이 바뀌게 될지, 누가 영향을 받을지, 기후가 언제, 어디에서, 어떻게, 왜 변화하는 건지, 기후 변화가 진짜로 일어나고 있는지, 미래에도 따뜻한 물로 샤워를 할 수 있는지…… 그러니까 너는 이 책에서 기후 변화에 관한 모든 이야기를 듣게 될 거야.

1· 눈덩이와 화산

▶ 이 장에서 우리가 읽을 내용은……

● 우여곡절이 많았던 지구의 역사

● 비가 최초로 온 곳은 어디인지

● 어떻게 지구 전체가 눈덩이로 변했는지

● 초기 육상 식물 사이를 기어 다닌 무서운 벌레들

● 어쩌다가 공룡이 멸종했는지

● 바다의 거대 방귀가 어떻게 폭염을 일으켰는지

■ 짧게 말해서: 초기 기후 역사에 대해

아주, 아주 나이가 많은 지구

넌 너희 엄마나 아빠가 나이가 많다고 생각하겠지? 또 피라미드 같은 건 정말 옛날 옛적에 지어진 건축물이라고 생각할 거야. 어쩌면 자연사 박물관에서 볼 수 있는 공룡이 네가 상상할 수 있는, 나이가 가장 많은 존재일지도 모르지. 하지만 그들 나이는 지구 나이에 비하면 정말 아무것도 아니야. 우리 행성은 자그마치 45억 살이거든. 어쩌면 그것보다 더 많을지도 몰라. 한번 비교해 볼까? 지구는 삼엽충이 바다에서 처음으로 헤엄치기 시작한 때보다 열 배 가까이 나이가 많아. 히말라야산맥보다는 백 배가 더 많고, 최초의 인류 루시보다는 천 배 이상 나이가 많지. 한창때의 검치호랑이보다는 만 배쯤, 인간이 그린 최초의 동굴 벽화보다는 십만 배 가까이, 이집트 피라미드보다는 백만 배, 모나리자보다는 천만 배 가까이, 너희 엄마 아빠보다는 억 배 정도 더 나이가 많아. 이제 지구가 얼마나 나이가 많은지 알겠지?

너희 엄마랑 아빠도 세월이 흐르면서 모습이 많이 바뀌었을 거야. 부모님의 어린 시절 사진을 한번 봐. 지금이랑은 아주 다르지? 피라미드도 시간이 지나면서 많이 변했어. 형체를 알아볼 수 없을 정도로 깎여 나간 피라미드도 있어. 삼엽충은 오래전에 멸종했고, 검치호랑이도 마찬가지야.

지구 또한 예전의 지구가 아니야. 수십억 년 동안 계속 변화하고 진화해 왔거든. 1억 년 전 아메리카 대륙과 유럽 대륙은 서로 붙어 있었어. 그때의 호주는 섬이 아니었고, 오히려 인도가 섬이었지. 생겼다가 사라진 산맥도 있어. 지구는 한때 온통 용암으로 뒤덮여 있었고, 얼음으로 뒤덮여 있던 때도 있어. 해수면은 지금보다 높아지기도 하고, 낮아지기도 했지.

지구를 감싸고 있는 공기층도 항상 똑같지는 않았어. 대기 중에 산소가 지금보다 훨씬 많던 적도 있고, 또 반대로 전혀 없던 적도 있어. 이제 알겠지? 지구는 끊임없이 변화하고 있어. 지구 안에 있는 땅, 물, 공기도 마찬가지고, 기후는 말할 것도 없지.

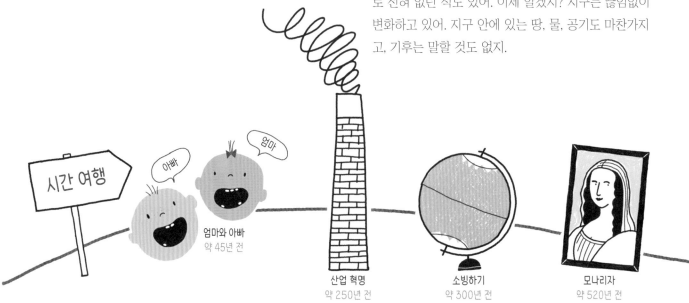

시간 여행

아빠 엄마

엄마와 아빠
약 45년 전

산업 혁명
약 250년 전

소빙하기
약 300년 전

모나리자
약 520년 전

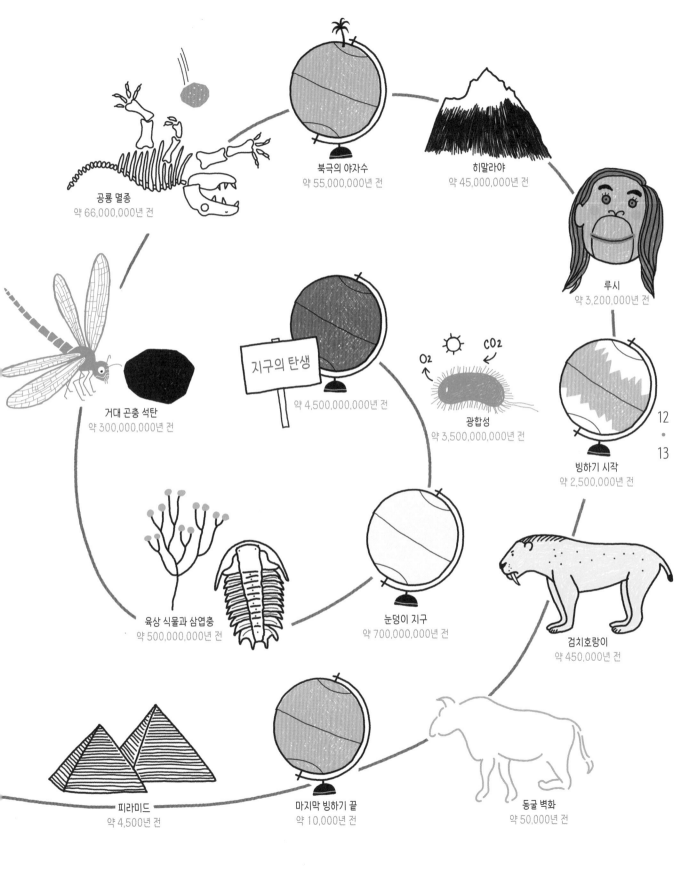

공룡 멸종
약 66,000,000년 전

북극의 야자수
약 55,000,000년 전

히말라야
약 45,000,000년 전

루시
약 3,200,000년 전

거대 곤충 석탄
약 300,000,000년 전

지구의 탄생
약 4,500,000,000년 전

광합성
약 3,500,000,000년 전

빙하기 시작
약 2,500,000년 전

12
·
13

육상 식물과 삼엽충
약 500,000,000년 전

눈덩이 지구
약 700,000,000년 전

검치호랑이
약 450,000년 전

피라미드
약 4,500년 전

마지막 빙하기 끝
약 10,000년 전

동굴 벽화
약 50,000년 전

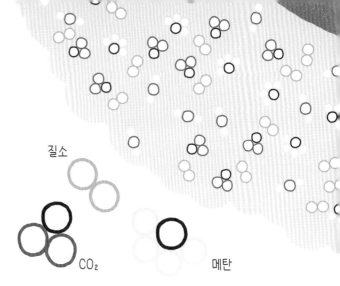

처음 20억 년

지구가 생긴 지 얼마 안 되었을 때, 지구는 정말로 뜨거웠어. 그때는 일기 예보도 없었고, 온도계도 없었기 때문에 얼마나 뜨거웠는지 정확히 알 수는 없지만, 아마 섭씨 2,000도까지 치솟았을 거야. 너무 더워서 지구의 표면은 완전히 녹아 버렸어. 그때의 지구는 커다란 용암 덩어리였다고 보면 돼.

지구 둘레에 형성된 얇은 공기층을 대기라고 하는데, 그때 대기에는 산소도 거의 없었어. 우리가 한 시간에 천 번 정도 들이쉬고 내쉬는 멋진 공기 말이야. 대신 질소와 메탄, 이산화탄소가 가득했지. 이산화탄소는 무척 중요한 기체야. 앞으로도 이 기체에 관한 이야기를 많이 하게 될 테니까, 우리도 과학자처럼 이산화탄소를 CO_2라고 줄여서 부르자. '시오투'라고 읽으면 돼.

대기 중의 메탄과 CO_2는 열을 가둬 두는 역할을 해. 그래서 그때의 지구가 엄청 뜨거웠던 거야. 지구가 그야말로 거대한 온실이 되는 거지. 식물이랑 채소를 키우는 그런 온실 알지? 온실이 왜 따뜻한 걸까? 그건 투명한 온실은 안으로 들어오는 햇빛은 잘 받아들이지만, 그 안에서 형

성된 열기는 밖으로 잘 내보내지 않기 때문이야. 이 '온실 효과'는 지구를 따뜻하게 만들었어. 그렇지만 온실 효과가 언제나 좋았던 건 아냐.

초기의 지구는 거의 지옥 같은 세상이었어. 표면 온도는 수천 도인데다가, 여기저기서 분출하는 화산에, 악취 나는 용암의 바다, 숨 쉴 수 없을 정도로 유독한 공기……. 그게 다가 아니었어. 운석들이 지구를 가만히 놔두지 않았거든. 수억 년 동안 거대한 암석과 얼음덩어리 들이 우주에서 지구로 떨어졌어. 지구에 떨어진 얼음은 녹아서 증발했지. 그 결과 대기에는 수증기, 그러니까 기체 상태로 된 물이 점점 더 많아지게 되었어. 지금 네 주변에도 수증기가 있어. 물론 눈에 보이지 않지만 말이야.

물은 지구 표면을 식혀 주었어. 지구의 기온은 200도까지 떨어졌어. 출렁이던 용암이 굳기 시작했지. 용암이 굳으면 뭐가 되는지 알아? 맞아, 돌이야. 우리가 알고 있는 지각은 그렇게 만들어졌어. 운석과 함께 떨어진 얼음은 여전히 녹고 있었지만, 모두 증발하지는 않았어. 액체로 변

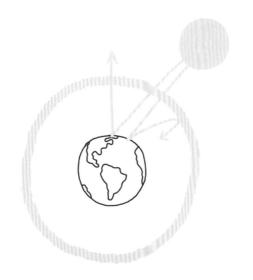

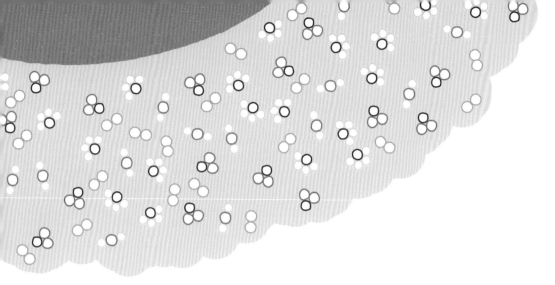

한 물이 바다가 되었어. 그리고 수증기는 최초의 비가 되어 내렸지.

그럼 지구에는 산소가 전혀 없었을까? 아니야, 있었지. 하지만 모두 물이랑 돌에 갇혀 있었어. 그런데 그거 알아? 산소는 친화력이 꽤 좋은 기체야. 모두와 친구가 되고 싶어 하거든. 산소가 수소와 만나면 물이 돼. 철과 물을 만나 녹을 만들어 내기도 하고, 메탄과 결합하여 물과 CO_2를 생성하기도 해.

운 좋게도 어느 날, 지구에는 CO_2를 산소로 바꾸는 박테리아가 생겨났어. 이 과정을 광합성이라고 해. 박테리아는 햇빛과 물을 가지고 CO_2를 조각내. CO_2가 탄소 C와 산소 O_2로 쪼개지는 거지. 박테리아는 탄소로 작은 몸을 만들기 시작했어. 그리고 남겨진 산소는 철 같은 금속들과 친하게 지냈어. 얼마간의 시간이 흐른 뒤, 더는 산소와 결합할 금속이 없었어. 이제 산소는 어디로 가야 할까?

산소는 대기로 흘러나왔어. 공기 중으로 빠져나온 산소는 아주 높은 곳으로 올라가서 태양의 자외선으로부터 지구를 보호해 주는 오존층을 형성했어. 그런데 아까도 말했지? 산소는 혼자 가만히 있는 친구가 아니라고 말이

야. 산소는 메탄을 만났어. 그때 대기에는 메탄이 많았거든. 이 둘이 만나면 CO_2가 만들어져. CO_2는 온실가스지만, 메탄만큼 강력하지는 않았어. 그러니까 산소는 메탄으로 CO_2를 만들었고, 박테리아는 CO_2로 산소를 만들었어. 이 모든 과정이 지구의 대기를 점점 식혀 주었던 거야.

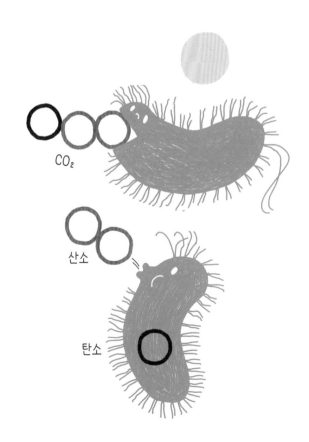

CO_2

산소

탄소

눈덩이 효과

약 9억 년 전, 아주 커다란 눈덩이가 생겼어. 그건 지구만큼 컸어. 왜냐하면 그게 바로 지구였거든! 지구의 평균기온은 영하 45도까지 떨어졌어. 수백만 년 동안 지구는 두께가 1킬로미터가 넘는 얼음층으로 뒤덮여 있었어. 얼음이 깨져서 물에 빠질 염려는 없었지만, 스케이트를 타려는 사람은 아무도 없었지.
우리가 아직 이 세상에 나타나기 전이니까.

그때 지구에 살고 있던 유일한 생명체는 작디작은 우리의 조상이었어. 그게 누구냐고? 바로 박테리아야. 박테리아는 CO_2를 산소로 만들기 위해 열심히 일하고 있었어. 대기 중 산소가 점점 많아지고, CO_2는 점점 줄어들었지. 이건 온실 효과를 줄이는 결과를 가져왔어. 그래서 지구가 차가워진 거야.

그런데 추운 환경이 박테리아에게 좋기만 했을까? 자칫하면 너무 추워진 지구에서 덜덜 떨어야 할지도 모르잖아. 운이 나쁘면 박테리아 가족 전체가 저 깊은 심해 화산 근처에 모여 앉아, 꽁꽁 언 세상이 녹기만을 기다려야 할 수도 있거든.

그럼 지구는 실제로 어떻게 변해 갔을까?
물론 초기에는 기나긴 냉각기가 있었어.
박테리아 때문일지도 모르지만, 과학자들은 다른 원인이 있었을 수도 있다고 생각해. 태양이 약해졌거나 공전 중에 지구가 뭔가에 부딪혔거나 대규모 화산 분출로 인해 지구가 먼지구름으로 뒤덮였을 수도 있대. 뭐가 있었든 간에 지구는 더 차가워졌어. 극지방의 얼음도 점점 커졌지.

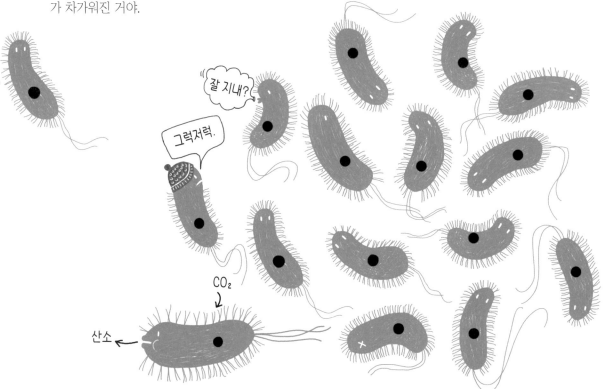

얼음은 하얗지? 하얀색은 빛을 반사하는 성질이 있어. 그러니까 얼음은 땅이나 물보다 햇빛을 더 많이 반사할 수 있어. 얼음이 많아진 지구는 더 많은 열을 우주로 내보냈고, 그 결과 지구는 더 추워졌어. 얼음이 더 넓게 생겨났고, 햇빛은 더 많이 반사되었어. 그렇게 지구는 점점 더 추워지고, 추워졌던 거야.

전 세계의 바다가 얼어붙었어. 적도에도 얼음과 눈이 두껍게 쌓였어. 물론 그 정도로 춥지는 않았을 거라고 생각하는 과학자들도 있어. 적도 주변에는 진눈깨비 정도가 내렸고, 그것도 금방 녹았을 거라고 말이야.

수백만 년 동안 지구는 얼음덩어리인 채 우주를 떠다녔어. 박테리아가 대부분 멸종되었어. 화산 근처에 살던 몇 종류만이 겨우 살아남았지. 화산이 폭발하면서 그 주변 얼음을 녹였을 테니까. 지구의 내부는 여전히 뜨거운 돌덩어리였어. 용암은 얼음 아래에서 부글부글 끓다가, 마침내 탈출구를 찾아서 밖으로 솟아올랐지. 여기저기서 화산 분출이 일어났어. 그런데 지구의 얼음을 녹였던 건 용암의 열기가 아니었어. 화산이 폭발하면서 공기 중으로 날아오른 온실가스 CO_2와 메탄이었지. 이 둘은 열을 잡아 두는 성질이 있잖아. CO_2와 메탄은 얼음에 반사된 햇빛이 우주로 날아가는 것을 막아 줬어. 얼음이 서서히 녹기 시작했지. 얼음으로 하얗던 부분이 조금씩 짙은 색으로 대체되면서, 지구는 점점 따뜻해졌어. 그리고 얼마 뒤, 지구는 더 이상 눈덩이라고 부를 수 없는 행성이 되었어.

장수하는 탄소

시간을 거슬러 5억 년 전으로 한번 가 볼까? 지구는 40억 번째 생일을 맞이했어. 삼엽충이 생일 파티에 초대를 받았지. 눈덩이였던 지구가 꽤 따뜻해졌기 때문에 수많은 종류의 새로운 생명체가 생겨나고 있었어. 물론 바다에서 말이지. 툭 튀어나온 눈, 별나게 생긴 더듬이, 웃긴 몸통, 험상궂은 뿔, 복잡하게 생긴 촉수…… 그러나 물 밖에서는 아직 아무 일도 일어나지 않았어. 보이는 건 그저 바위와 용암뿐이었지. 살아 있는 건 아무것도 없었어. 아주 작은 이끼조차도 말이야.

그러다 한 식물이 아주 조심스럽게 육지로 나가기 시작했어. 대기는 여전히 CO_2로 가득했지. 그런데 오히려 그게 식물에게는 도움이 되었어. 식물이 성장하기 위해서는 CO_2가 필요하니까. 박테리아와 마찬가지로 그들은 햇빛과 물을 이용해서 CO_2로부터 탄수화물을 만들어 냈어. 그리고 그 탄수화물을 가지고 잎, 가지, 열매를 만들었어. 남은 산소는 다시 공기 중으로 내보냈지.

식물은 서서히 육지를 정복해 나갔어. 여기저기에서 식물이 자라기 시작했어. 무성하게 자라난 식물 덕분에 대기 중 CO_2가 점점 줄어들었어. 대신 산소는 더 많아졌지.

대기 중에 산소가 많다는 건 동물에게는 좋은 소식이었어. 이때는 아직 공룡이나 포유류는 없었지만, 대신 거대한 곤충이 있었어. 몸통 지름이 1미터가 넘는 거미를 만나면 어떨 것 같니? 날개 한 짝이 50센티미터가 넘는 잠자리는? 사람보다 더 큰 지네는 어때? 생각만 해도 무시무시하다.

동물이 성장하려면 에너지가 필요한데, 그 에너지를 제공하는 게 바로 탄수화물이야. 동물은 탄수화물을 얻기 위해 식물을 먹어. 그런 다음 산소로 숨을 쉬면서 먹은 음식을 태워. 불을 피운다는 게 아니라, 동물의 몸속에서 일어나는 화학 반응 같은 거야. 인간인 너나 나도 마찬가지지. 이 과정에서 CO_2가 생겨나. 동물은 숨을 내쉬면서 그걸 공기 중으로 내보내고, 식물은 그 CO_2를 이용해서 또다시 광합성을 해.

그러니까 탄소는 항상 이곳에서 저곳으로 옮겨 다녀. 대기 중에 있다가, 식물의 몸속으로 들어갔다가, 땅에 묻혔다가, 다시 동물의 몸속으로 들어가지. 탄소는 온갖 입자들과 잘 얽혀. 산소와 함께 CO_2를 형성하고, 수소와 함께 메탄을 만들어. 산소와 수소를 만나 탄수화물도 만들어

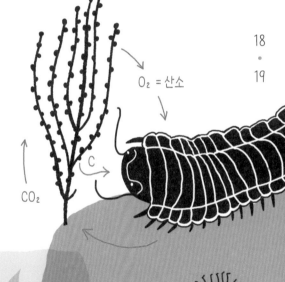

내지. 살아 있는 생물은 탄소 없이는 아무것도 할 수 없어. 네 체중의 5분의 1이 바로 탄소야.

동물이나 식물이 죽으면 탄소가 다시 공기 중으로 날아가. 그들의 몸이 썩어서 분해되기 때문이야. 박테리아와 곰팡이가 죽은 몸을 분해하는 역할을 해. 사과나 샌드위치를 접시에 그대로 둔 채, 몇 주 동안 지켜보렴. 그럼 부패 과정을 직접 확인할 수 있을 거야. 고약한 냄새도 나겠지. 결국 탄수화물이 남기는 것은 바로 탄소와 산소야. 다시 말해 CO_2지. 부패 과정에는 많은 양의 산소가 필요한데, 만약 주변에 산소가 별로 없다면 박테리아는 CO_2를 만들지 못할 거야. 그럴 때 박테리아는 탄소를 메탄으로 만들어. 메탄은 탄소와 수소가 결합해서 만들어지는 거야.

산소가 별로 없는 환경에서는 박테리아와 곰팡이가 자기 일을 제대로 할 수 없어. 그럼 한번 생각해 볼까? 식물이 물에 빠지면 어떻게 되는지 말이야. 예전에, 그러니까 거대 곤충이 살던 시절에는 많은 식물이 늪에서 살았어. 그럼 이 식물들이 죽으면 어떻게 될까? 늪에 빠지게 되겠지. 산소가 부족한 물속에서 식물은 썩을 기회를 얻지 못

하고, 고스란히 탄소를 품은 채 땅속 깊은 곳으로 사라지는 거야.

수억 년 동안 나무와 풀들이 그렇게 땅속으로 사라졌어. 그러는 동안 그것들은 아주 오랜 세월에 걸쳐 대기 중의 CO_2를 줄이는 역할을 했어. CO_2가 줄어들면 지구가 어떻게 되는지 기억나니? 맞아. 추워지게 되지. 북극과 남극에 만년설이 다시 생기기 시작했어. 그러나 이번에는 지구 전체가 눈덩이로 변하지는 않았어. 극지방은 꽁꽁 얼어붙었지만, 나머지 지역은 꽤 따뜻했지. 지금과 마찬가지로 여러   기후대가 존재했어.

18
·
19

O_2 = 산소

CO_2

C

죽은 동물과 식물

C = 탄소

공룡을 끝장낸 건 뭐였을까?

2억 3천만 년 전, 공룡 시대가 시작됐어. 다양한 모습을 한, 크고 작은 공룡들이 지구를 점령했지. 6천 6백만 년 전, 커다란 운석이 하늘에서 떨어지기 전까지 말이야. 공룡은 1억하고도 5천 5백만 년이나 살아남았지만, 운석 때문에 멸종했어. 이게 기후랑 관련이 있을까? 그럼! 네가 예상한 것보다 훨씬 더 깊은 관련이 있어.

1억 6천 5백만 년은 긴 시간이야. 초기에 지구의 대륙은 서로 붙어 있었어. 판게아Pangaea라고 부르는 거대한 대륙이었지. 그때의 지구는 지금보다 더 따뜻했어. 그러나 해안 지역과 내륙 지역의 기후에는 큰 차이가 있었어.

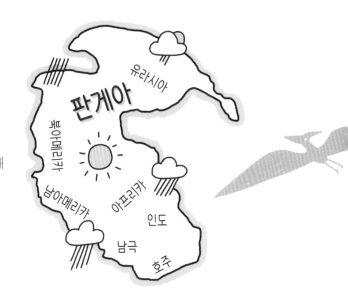

판게아의 가장자리는 축축한 땅이었어. 바다와 맞닿아 있어서 비가 자주 왔거든. 반면에 대륙 중앙은 건조한 사막 기후였어. 비는 거의 오지 않았어. 지금의 호주 내륙과 비슷하다고 보면 돼. 일교차, 연교차도 심했어. 낮과 여름에는 미칠 듯 뜨겁다가, 밤이나 겨울이 되면 덜덜덜. 너무나 추웠지. 바다에 가까워질수록 이러한 차이는 줄어들었어. 물은 땅보다 천천히 데워지고, 천천히 식으니까. 바닷물의 온도는 해안 지역에 많은 영향을 끼쳐. 시애틀이나 밴쿠버 같은 도시를 보면 알 수 있을 거야. 바다 옆에 있는 이 두 도시는 겨울에 그리 춥지 않거든. 시카고, 캘거리, 토론토 같은 도시들은 꽁꽁 얼어붙는데 말이야.

판게아는 끝까지 하나로 남지 못했어. 여러 조각으로 쪼개지고 말았거든. 거대한 땅덩어리들이 서로 멀리 떨어져서 오늘날 우리가 알고 있는 세계 지도를 형성했어. 이게 어떤 의미인지 알아? 바다와 맞닿은 땅의 면적이 넓어졌다는 뜻이야. 기후는 더 습해지고, 온도 차는 점점 줄어들었어. 심지어 이때 북극은 지금 캐나다나 영국보다 따뜻했어. 이게 무슨 말이냐면, 공룡이 북극과 남극을 비롯한

전 세계를 정복할 수 있었다는 말이야. 게다가 공룡은 털옷도 코트도 없이 그걸 해냈어.

하지만 너도 알다시피, 6천 6백만 년 전에 공룡은 멸종했어. 대부분 과학자가 공룡이 멸종한 이유가 우주에서 떨어진 거대한 암석 때문이라고 생각해. 멕시코에 가면 지름 159킬로미터의 커다란 칙술루브 충돌구Chicxulub Crater가 있어. 뉴저지보다 더 큰 이 충돌구가 어떻게 생겨났을까? 지름 10킬로미터가 넘는 운석이 떨어져서 생긴 거래. 물론 공룡이 이 운석에 맞아서 멸종한 건 아니야. 당시에 칙술루브 근처에 있던 공룡들은 정말로 운석에 맞아서 죽었겠지만……. 어쩌면 이 공룡들은 운이 좋았던 것일 수도 있어. 운석의 충돌이 가져온 끔찍한 일들을 겪지 않았을 테니까.

운석이 떨어지고 나서 거대한 먼지구름이 피어났어. 지구는 몇 년 동안 어두운 곳이 되었지. 빛을 받을 수 없게 되자, 식물이랑 조류는 시름시름 앓기 시작했어. 생존을 위해서는 햇빛이 필요한데, 그게 사라지자 많은 식물이 죽었어. 그러자 식물을 먹고 살던 초식 공룡이 죽었어. 초식 공룡을 먹고 살던 육식 공룡도 힘들긴 마찬가지였어. 먹을거리가 점점 줄어들자 육식 공룡은 꼬르륵꼬르륵 요란한 소리를 내는 위장을 부여잡으며 안타까운 최후를 맞았어.

운석의 충돌이 먼지구름만 일으킨 건 아니야. 여기저기서 큰 산불이 일어났어. 화재는 많은 나무를 죽이고, CO_2를 공기 중으로 내보냈어. 이게 뭘 의미하는지는 너도 알거야. 온실가스 때문에 지구의 온도는 계속 올라갔어. 안

그래도 허약해진 공룡이 생존하기에는 더 어려운 환경이 되었겠지.

당시 인도 지역에서는 화산 폭발이 끊임없이 일어났어. 용암은 수백만 년 동안 부글부글 끓어올랐지. 텍사스 전체를 2킬로미터 두께의 용암으로 뒤덮을 만큼 넓은 화산지대가 생겨났어. 화산은 또 엄청난 양의 CO_2와 먼지를 공기 중으로 내보냈어. 먼지는 태양을 가리고, 식물은 죽어 갔어. 처음 몇 년 동안은 추웠지만, 이내 화산에서 나온 CO_2와 죽은 식물들 때문에 온도는 계속해서 올라갔지.

어때? 기후에 영향을 미치는 요인이 정말 다양하지? 대륙의 이동은 지구를 더 습하게 만들거나 더 건조하게 만들 수 있어. 운석, 산불, 화산은 CO_2와 먼지를 뿜어내. CO_2는 지구를 뜨겁게 만들지만, 먼지는 햇빛을 가려서 지구를 식히는 역할을 해. 그러나 그것 때문에 식물이 죽게 되면 CO_2가 추가로 방출되지.

마지막 공룡은 이 모든 것을 직접 보았을 거야. 큰 자연재해를 맞았고, 그 재난은 당시의 기후에 많은 영향을 끼쳤어. 그리고 그 기후는 공룡에게 돌이킬 수 없는 재앙을 가져다주었지.

바다가 뀐 거대 방귀

지금 지구의 북극과 남극은 건조하고 얼음이 많은 곳이야. 식물이 살기 어려운 헐벗은 땅이지. 그러나 5천 5백만 년 전에는 이 지역도 나무로 뒤덮여 있었어. 기온은 섭씨 25도 정도였고, 심지어 캄캄한 밤에도 기온이 영하로 내려가지 않았어. 야자수는 따뜻한 지역에서만 자라는 나무인데, 그때는 북극에도 야자수가 있었어. 당시 극지방에는 얼음이 전혀 없었다는 말이야. 북극곰과 북극토끼는 아직 출현하기 전이었지. 대신 악어와 하마의 조상이 그곳에 살고 있었어.

2만 년 동안 전 세계의 기온은 5도 정도 올라갔어. 이건 정말 놀라운 변화야. 너무나 짧은 기간에 일어난 일이지. 이러한 온도 상승은 급격하게 늘어난 대기 중 CO_2 때문이야. 화산 폭발 때문이었을지도 모르지만 확실하지는 않아. 게다가 바다에서 뀌어 대는 거대한 방귀 때문에 상황은 더욱 나빠졌을 거야.

이 방귀의 정체가 뭐냐고? 그건 수백만 년 동안 해저에 안전하게 누워 있던 메탄이야. 메탄은 부패한 동식물의 잔해에서 만들어졌어. 메탄이 어떻게 생성되는지 기억나지? 주변에 산소가 없으면 박테리아는 CO_2가 아니라 메탄을 만들잖아. 바다 밑은 추웠기 때문에 메탄은 꽁꽁 얼어붙은 채

오랫동안 갇혀 있었어. 그러다가 날씨가 따뜻해지자 메탄이 녹기 시작했어. 땅속에 갇혀 있던 메탄은 갈 데가 없었지. 메탄은 점점 부풀어 오르기 시작했어. 압력은 점점 더 커졌어. 방귀를 뀌기 전에 어떤 느낌이 드는지는 설명 안 해도 알겠지? 참을 수 없었던 메탄은 거대한 폭발과 함께 해저에서 탈출했어. 뻥! 대기 중으로 많은 양의 메탄이 뿜어져 나왔어. 그렇게 밖으로 나온 메탄은 지구를 더 뜨겁게 만들었어. 이후로도 지구가 그렇게 뜨거웠던 적은 없었다고 해.

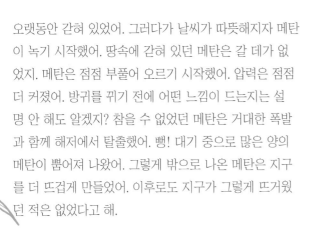

3천 5백만 년 전쯤, 호주와 남아메리카 대륙이 남극 대륙에서 떨어져 나왔어. 남극 대륙을 둘러싸고 차가운 남극 환류가 흐르기 시작했어. 남극 환류는 유속은 느리지만 유량은 매초 1억 톤이 넘는 대해류야. 따뜻한 물이 더는 남극으로 흘러갈 수가 없게 되었고, 그렇게 남극은 빠르게 냉각되었어. 나무가 사라지고 만년설이 형성되었어. 찬물은 더 차가워졌고, 나머지 바다도 얼어붙었어. 지구에 또다시 빙하기가 찾아오고 있었지.

피식 퐁 피식

2 · 표석과 매머드

▶ **이 장에서 우리가 읽을 내용은……**

- 모든 빙하기가 똑같지 않은 이유

- 아메리카 원주민이 어떻게 아메리카 대륙으로 가게 되었는지

- 호주의 대산호초가 어떻게 생겨났는지

- 북해 인근에 살던 사람들이 먹었던 것

- 비키니를 입고 크리스마스를 보내는 곳

- 완벽한 빙하기를 만들기 위한 레시피

- 흑점 잘못이 아닌 이유

■ **짧게 말해서: 빙하기에 관련된 이모저모**

지구의 열음

빙하기에 온 걸 환영해

이제 사람들이 잘 모르는 사실을 네게 말해 주려고 해. 네가 별로 좋아할 만한 얘기는 아니야. 어쩌면 좋아할 수도 있지만, 소름이 끼칠지도 모르지. 어때? 그래도 듣고 싶니? 음, 그게 말이야…… 있잖아…… 사실 우리는 지금 빙하기에 살고 있어. 진짜야! 너랑 나, 그리고 지구에 사는 모든 사람이 정확히 빙하기의 한가운데서 살아가고 있어. 우리뿐만이 아니야. 우리의 선조들도 마찬가지였어. 물론 빙하기치고는 조금 따뜻한 편이긴 하지만, 그래도 공식적으로는 지금을 빙하기라고 해. 지질학자는 지구 어딘가에 커다란 만년설이 있으면 그 기간을 빙하기로 분류하거든. 지질학자는 지구를 연구하는 사람들이잖아. 그러니까 지질학자 말이 맞을 거야. 남극 대륙과 그린란드를 봐. 얼음으로 뒤덮여 있잖아. 이 얼음의 평균 두께는 몇 킬로미터나 된대. 어떤 곳은 콜로라도에 있는 파이크스피크Pikes Peak의 높이보다도 더 두껍다고 해. 이게 만년설이 아니면 뭐겠어? 그 얼음들은 250만 년 동안이나 그곳에 있었어. 그러니까 우리는 줄곧 빙하기에 살고 있던 거야. 매머드와 검치호랑이도 우리와 같은 빙하기를 살다 갔어. 물론 그 친구들은 우리보다 조금 더 추운 기간에 살았지만 말이야. 너나 나 같은 평범한 사람들이 '빙하기' 하면 떠올리는 그런 시대 있잖아. 다른 매체에서는 그런 시대를 빙하기라고 해. 아마 너도 그런 정보에 더 익숙할 거야. 네가 지질학자가 아니라면 말이지.

어쨌거나 용어 정리를 할 필요가 있을 것 같아. 빙하기에 또 다른 빙하기가 있었다고 하면 헷갈리잖아. 어떻게 하면 좋을까? 지질학자들이 하듯이 250만 년 동안 쭉 빙하기였다고 할까? 아니면 우리가 습관적으로 하듯이 정말, 정말 추웠던 시기만을 빙하기라고 할까? 내 생각에는 두 번째 방법이 덜 헷갈릴 것 같아. 안 그러면 모든 것이 뒤죽박죽되어 버리고 말 테니까. 그러니까 이 책에서는 지금보다 훨씬 더 추웠던 때를 빙하기라고 하자.

정말 덥군!

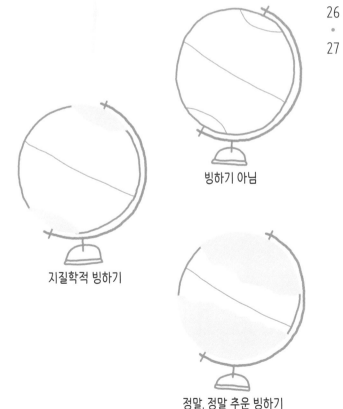

지난 250만 년 동안 이런 빙하기는 대략 스물다섯 번 정도 있었어. 얼음이 지금처럼 남극이나 북극에만 머무르지 않고, 더 아래쪽으로 내려왔던 시기야. 이 시기에는 한여름에도 캐나다, 스웨덴, 러시아 중부까지 얼음이 두껍게 깔려 있었어. 얼음이 점점 팽창하면서 모래, 점토, 암석들을 밀어냈어. 기존에 있던 언덕과 숲은 사라지고, 얼음의 끝자락에는 새로운 언덕이 생겨났지. 얼음이 캐나다 남쪽 국경까지 내려왔던 적도 있었어. 얼음이 얼마나 남하했든 간에 모든 빙하기가 가져온 결과는 엄청났어.

빙하기에는 비보다 눈이 더 많이 내려. 땅 위로 내려앉은 눈은 계속 그곳에 쌓이게 되지. 눈 대신 비가 왔다면 물이 쉽게 바다로 흘러갔겠지만, 눈은 그렇지 않잖아. 그러니까 빙하기에는 육지가 물을 더 많이 붙들고 있게 돼. 그러는 동안에도 여전히 바닷물은 증발하고, 증발한 물은 눈이 되어 육지에 쌓이고⋯⋯. 이런 과정이 반복되면 어떻게 되는 줄 알아? 해수면이 낮아져. 그럼 어떤 지역에서는 사람과 동물이 바다 밑을 걸어 다니는 것도 가능해져. 재미있지?

26
·
27

빙하기 아님

지질학적 빙하기

정말, 정말 추운 빙하기

베링해의 바닥에서

아메리카 원주민을 본 적이 있니? 그들은 아시아인과 무척 닮았어. 검고 곧은 머리칼에 눈과 피부색도 아주 비슷하지. 왜 그럴까? 단순히 우연일까? 그렇지 않아. 그건 빙하기와 관련이 있어.

최초의 인류는 아프리카에서 생겨났어. 우리는 모두 그들의 후손이야. 인구는 점점 늘어났고, 그들 중 일부는 아프리카를 떠나 유럽과 아시아에 진출했어. 인류가 극동아시아에 도달하기까지는 수만 년이 걸렸어. 그러는 동안 아주 천천히 인류의 모습은 변해 갔어. 부모에서 자식으로, 또 그 자식의 자식으로 이어져 내려가면서 말이야. 그들은 더 밝은 피부를 갖게 되었어. 적도에서 멀리 떨어진 곳에서는 태양이 낮게 뜨기 때문에 그게 생존에 유리했거든. 밝은 피부는 약간의 햇빛만으로도 우리 몸에 필요한 비타민 D를 합성할 수 있으니까.

지금 아시아와 아메리카 대륙은 베링해로 분리되어 있어. 베링해를 건너고 싶은 사람은 80킬로미터를 항해해야 하지. 그렇지만 2만 년 전에는 그럴 필요가 없었어. 당시에는 아시아와 아메리카 대륙이 붙어 있었거든. 빙하기 때문에 많은 물이 만년설에 저장되었어. 그래서 전 세계 해수면은 지금보다 120미터나 더 낮았어. 그때 사람들은 수천 년 동안, 지금의 바다 밑바닥에서 생활했어. 불은 피울 수 있었겠지? 안 그랬다면 정말 혹독한 겨울을 나야 했을 거야. 얼음이 녹기 시작했을 때, 그들 중 일부는 북아메리카 대륙의 북쪽, 오늘날 우리가 캐나다로 알고 있는 지역으로 이동했어. 일부는 더 남쪽으로 내려갔지. 지금의 미국이 있는 곳이야. 각기 다른 곳에 정착했지만, 그들은 북아메리카 대륙에 살기 시작한 최초 인류야.

아메리카 대륙으로 이주한 인류는 온갖 종류의 덩치 큰 동물들을 만났어. 자이언트비버, 동굴사자, 검치호랑이, 다이어울프, 매머드, 그리고 코끼리 크기만 한 땅늘보인 메가테리움······. 이 거대 동물들은 수백만 년 넘게 아메리카 대륙에서 살고 있었어. 이전까지는 인간을 본 적이 없었지. 수천 년 뒤, 북아메리카와 남아메리카에서 이 거대 동물들은 모조리 사라졌어. 인간이 그들을 사냥했기 때문일까? 아마도 그렇게 봐야겠지?

산호해의 바닥에서

세계에서 가장 큰 산호초는 호주의 북동쪽 해안에 있어. 이 산호초의 전체 길이는 2천 6백 킬로미터가 넘고, 9백 개의 수많은 섬과 산호초로 이루어져 있어. 그레이트배리어리프Great Barrier Reef 또는 대산호초라고 부르는 이 산호초는 세상에서 가장 큰 유기 구조물이야. 대산호초에는 알록달록한 물고기를 비롯한 수많은 바다 생물이 살고 있어. 애니메이션 〈니모를 찾아서〉에 나오는 니모나 도리처럼 생긴 친구들이지. 물론 니모보다 눈이 작고, 친구도 별로 없고, 훨씬 지루한 삶을 살고 있지만 말이야.

지금의 기후 변화는 대산호초에 큰 위협이야. 이건 나중에 다시 알아보기로 해. 과학자들이 최근에 발견한 것처럼, 예전에 기후 변화가 없었다면 대산호초가 아예 생겨나지도 않았을 테니까.

호주 원주민도 아메리카 원주민처럼 빙하기 덕분에 아시아에서 호주로 넘어갈 수 있었어. 요즘에는 비행기를 타거나 커다란 페리를 타야 갈 수 있는 곳이지만, 당시에는 해수면이 낮아서 인도네시아의 거의 모든 섬이 서로 붙

어 있었어. 호주 원주민은 수마트라에서 자바나 발리까지 걸어서 이동했어. 물론 호주까지 가려면 배를 타지 않고는 건널 수 없을 만큼 물이 깊은 곳도 몇 군데 있었지만 말이야.

호주 원주민은 대략 5만 년 전에 호주에 도착했어. 그 이후 호주 전역으로 퍼져나갔어. 이딘지Yidindji 사람들은 산호해 연안으로 갔어. 그때 그곳에는 산호가 전혀 없었어. 그들은 연안의 너른 평야에서 수만 년 동안 살았어. 바위틈에서 조개를 줍고, 바다에서 물고기를 잡고, 해안의 숲에서 물새를 사냥했지.

정말 흥미로운 사실이 하나 있는데, 그게 뭔지 알아? 지금의 원주민들은 아직도 먼 조상의 이야기를 알고 있다는 거야. 노래와 춤의 형태로 대대손손 전해 내려온 거지. 그중 하나를 얘기해 줄게. 호주 원주민 군야Gunyah와 신성한 물고기에 관한 이야기야. 군야는 창을 들고 낚시를 하러 갔어. 물속을 들여다보던 군야는 반짝이는 것이 나타

나자 창을 던졌어. 그런데, 맙소사! 군야가 찌른 건 성스러운 물고기 색가오리Whiptail Stingray였어. 화가 난 색가오리는 너른 가슴지느러미를 펼치면서 일어났고, 그 바람에 바닷물이 출렁이면서 물이 점점 더 높이 차올랐어.

이게 바로 호주 원주민이 들려주는 해수면 상승에 관한 이야기야. 최신 연구와도 크게 다르지 않지. 화가 난 물고기 부분만 빼면 말이야. 실제로 만 4천 년 전에 물이 차오르기 시작했어. 빙하기가 끝나고, 만년설이 녹고 있었거든. 이딘지 사람들이 살던 평원은 서서히 물로 뒤덮였어.

육지는 늪으로, 늪은 바다로, 작은 언덕은 섬으로 변했어. 한때 평야가 있던 곳은 얕은 바다가 되었지. 이곳은 거대한 산호초가 자라기에 완벽한 장소였어. 왜냐하면 얕은 바다에서는 햇빛이 바닥까지 닿을 수 있고, 산호 안에 사는 조류가 광합성을 하려면 햇빛이 필요하거든. 수천 년에 걸쳐, 지구상에서 가장 큰 유기 구조물인 대산호초는 그렇게 만들어졌어.

북해의 바닥에서

네가 만약 네덜란드 해안이나 잉글랜드 동부 해안의 해변에 서 있다면 끝없이 펼쳐진 북해를 바라보게 될 거야. 물 위에서 볼 수 있는 것은 몇 척의 어선과 인근 항구로 가는 화물선뿐이지. 그러니 그 회색빛 바다 아래에 수백만의 생명체가 살아가고 있다는 것은 상상하기 어려울 거야. 상어는 청어를 사냥하고, 가자미는 모래에 몸을 숨기고, 소라게는 새집을 찾고……. 네 눈에만 보이지 않을 뿐, 날마다 수많은 자연 다큐멘터리가 상영되고 있어.

수천 년 전 이곳이 어땠는지는 훨씬 더 상상하기 어려울 거야. 먼저 바닷물을 싹 비워야 해. 그러고 나면 바다에서 매머드, 동굴사자, 하이에나, 말, 코뿔소의 뼈를 발견하게 될 거야. 모두 5만 년 전에 이곳에 살았던 동물들이야. 이 지역은 한때 풀이 무성한 평야였어. 언덕이 있고, 강이 흐르고, 나무와 덤불이 자랐어. 세계는 빙하기의 한가운데 있었어. 네덜란드와 잉글랜드 사이에 있던 물은 대부분 사라지고 없었지.

트롤선이 종종 그물에서 이 오래된 뼈들을 발견하곤 해. 때때로 손도끼와 장식이 새겨진 뿔 같은 걸 발견하기도 하지. 바로 인간의 흔적이야. 만 년 전 인간은 잉글랜드, 네덜란드, 덴마크 사이의 저지대 평야에서 수렵 채집 생활을 하면서 살았어. 오늘날 우리가 도거랜드Doggerland라고 부르는 지역이야. 그들은 나뭇가지로 오두막을 짓고, 나무 기둥으로 카누를 만들고, 돌을 갈아 화살촉을 만들었어. 이 지역에는 먹을거리가 많았어. 운이 좋으면 날마다 다른 식사를 할 수도 있었지. 월요일에는 사슴고기스테이크, 화요일에는 홍합찜, 수요일에는 오리다리구이, 목요일에는 엘크너깃, 금요일에는 생선수프, 토요일에는 멧돼지스튜 그리고 일요일에는 수달버거. 그러나 우리는 알고 있지. 도거랜드가 언제까지나 평야로 남아 있을 수 없다는 걸 말이야. 얼음이 녹고, 바닷물이 밀려들 테니까.

만년설이 녹아내리고, 해수면이 올라가기 시작했어. 백 년마다 2미터씩 올라갔다고 해. 먼저 도거랜드의 수로가 물로 채워졌어. 날씨도 점점 습해졌지. 사슴, 엘크, 멧돼지들은 재빨리 그곳을 빠져나갔어. 하지만 그 지역 사람들인 도거랜더는 머물렀어. 물이 차지 않은 부분이 아직 남아 있었으니까. 그렇지만 식단은 조금 조절해야 했어. 육지 생물보다는 바다 생물을 더 자주 먹게 되었지. 그들은 물새, 수달, 물고기를 잡아먹으며 생존을 이어 갔지만, 안타깝게도 해수면은 계속 올라갔어.

마지막 도거랜더가 살아남았는지는 알 수 없어. 건조한 지역을 찾아 더 높은 지대인 도거뱅크Dogger Bank로 올라갔을 수도 있어. 도거뱅크는 서서히 섬이 되어 갔을 거야. 어쩌면 그들은 유럽 대륙으로 돌아갔을 수도 있어. 8천 2백 년 전쯤에 노르웨이 해안에서 산사태가 발생했어. 거대한 해일이 일었지. 엄청난 쓰나미가 북해의 모든 해안 지역을 덮쳤어. 도거뱅크도 당연히 침수되었을 거야. 무슨 일이 있었는지는 정확히 모르지만, 이후로 이 지역에서 인간이 살았던 흔적은 발견되지 않았어. 모두 바다 밑으로 사라져 버렸을 테니까.

여름에 맞는 겨울

마지막 빙하기에는 지금보다 기온이 평균 4도 정도 낮았어. 이 정도면 꽤 큰 기후 변화라고 할 수 있지. 빙하기란 지구가 수천 년 동안 끝나지 않는 겨울을 보내는 거야. 그리고 이런 긴 겨울이 10만 년마다 한 번씩 다시 찾아와. 다음 페이지에서는 이런 빙하기를 어떻게 하면 만들 수 있는지 알려 줄게. 지금은 계절이 왜 생기는지부터 알아보자.

너도 알다시피 여름은 덥고, 겨울은 추워. 왜 그럴까? 많은 사람이 지구와 태양의 거리 때문이라고 생각해. 여름에는 태양에 더 가까워지고, 겨울에는 멀어진다는 거지. 하지만 생각해 봐. 그 말이 맞는다면 여름에는 지구 전체가 여름이어야 하잖아. 그런데 북반구가 여름일 때 남반구는 겨울이야. 그리고 반년이 지나면 그 반대가 되지. 런던에서는 겨울이 시작되고, 시드니에서는 여름이 시작돼. 그래서 호주 사람들이 비키니를 입고 해변에 앉아 크리스마스를 맞는 거야.

물론 지구가 태양으로부터 항상 같은 거리에 있는 건 아니야. 지구는 태양 주위를 일 년에 한 바퀴씩 공전하는데,

이 공전 궤도는 실제로 완벽한 원이 아니라 약간 찌그러진 타원이야. 훌라후프를 양쪽에서 살짝 누른 모양이라고 보면 돼. 지구는 북반구가 여름일 때 태양에서 더 멀리 떨어져 있어. 북반구가 겨울일 때는 태양과 더 가까워지지. 그 차이는 500만 킬로미터쯤 돼. 무슨 말인지 알겠어? 태양으로부터의 거리는 계절에 그다지 큰 영향을 미치지 않는다는 말이야.

계절이 생기는 이유는 지구의 자전축이 약간 기울어져 있기 때문이야. 먼저 북반구를 기준으로 이야기해 보자. 북반구의 여름에는 지구의 북반구가 태양 쪽으로 기울어져 있어. 이렇게 되면 햇빛을 더 오랫동안, 더 강하게 받을 수 있어. 태양이 높게 뜨고, 낮도 길어지니까. 낮이 길어지면 태양이 지구를 데울 수 있는 시간이 늘어나. 또 태양이 높이 뜨면 빛이 대기를 뚫고 들어오는 거리가 짧아지기 때문에 결과적으로 더 많은 열이 지구에 남게 돼.  태양 광선 자체도 더 강력해. 이건 손전등으로 실험해 보면 금방 알 수 있어. 손전등을 벽을 향해 똑바로 비춰 봐. 빛이 가운데 동그랗게 모여 있지? 이번에는 손전등을 비스듬히 비춰 봐. 어때? 빛이 더 넓게 퍼지지? 손전등에서 나오는 빛의 세기나 양은 일정하니까 결국 비스듬히 비췄을 때 벽의 각 부분이 받는 빛의 세기는 줄어들게 되는 거야. 지구의 겨울도 마찬가지야. 기울어진 손전등처럼 빛을 비스듬하게 받기 때문에 햇빛의 세기도 줄어들고, 덜 따뜻한 거지.

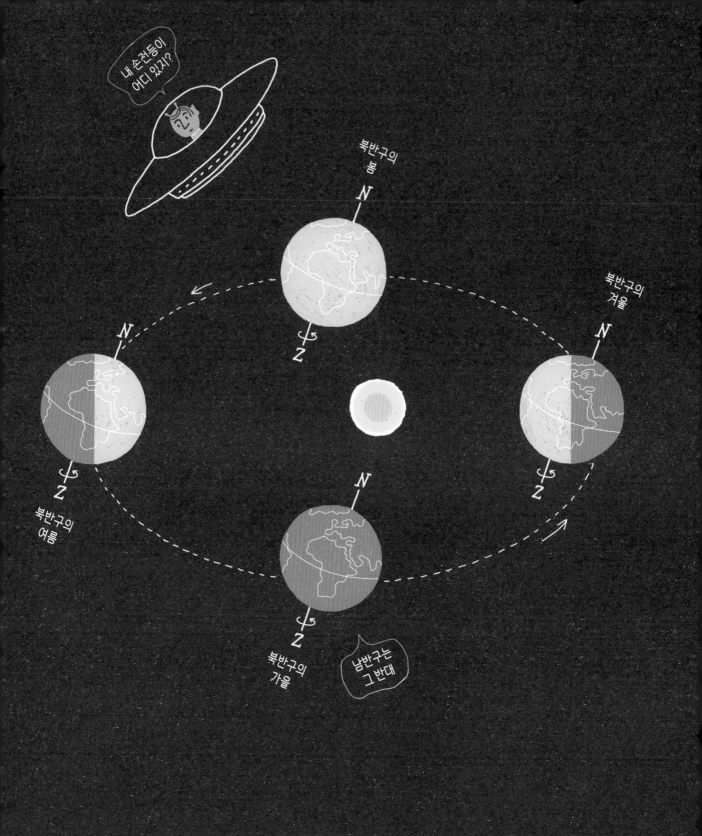

빙하기 만들기

빙하기를 만들 때 가장 많이 필요한 건 기다림이야. 그리고 빙하기 레시피 핵심은 해가 갈수록 녹는 눈보다 내리는 눈이 더 많게 하는 거지. 어떻게 하면 그럴 수 있을까?

일단 대륙들이 잘 배치되어 있는지 확인해 봐. 공룡 시대처럼 대륙이 한데 뭉쳐 있으면 안 돼. 그리고 육지의 꽤 넓은 부분이 얼음으로 덮여 있어야 해. 그러기 위해서는 추운 지역에 땅이 많아야 해. 다시 말해 극지방 주변에 땅이 있어야 한다는 말이야. 지금 지구가 딱 그 조건에 맞아. 남극 주변에는 남극 대륙이 있지. 그리고 북극 주변에는 알래스카, 캐나다, 그린란드, 스칸디나비아, 러시아 땅이 있어. 눈이 바다가 아니라 땅 위에 내려야 쉽게 쌓일 수 있잖아. 안 그러면 다 녹아 버릴 테니까.

자, 이제 되도록 많은 수분이 극지방으로 가도록 해야 해. 눈을 만들려면 물이 필요하잖아. 수백만 년 동안 빙하기

가 없었던 이유는 북아메리카와 남아메리카가 서로 떨어져 있었기 때문일 거야. 이때 물고기는 태평양과 대서양을 마음대로 오갈 수 있었어. 북아메리카와 남아메리카 사이에 바닷물도 자유롭게 흘렀어. 그런데 두 대륙이 서로를 향해 천천히 움직이더니, 마침내 붙어 버렸어. 물고기가 더는 그 사이로 지나다닐 수 없게 되었지. 그럼 물은 어디로 흘렀을까? 남북으로 길게 뻗은 아메리카 대륙 때문에 바닷물은 극지방으로 돌아갈 수밖에 없었어. 바닷물의 흐름이 완전히 바뀐 거야. 이렇게 되면서 더 많은 습기가 북쪽으로 이동했어. 눈이 많이 내린 건 말할 것도 없지.

다른 조건을 얘기해 볼까? 아까도 잠깐 얘기했지만, 땅이 더 많은 극지방은 남극이 아니라 북극이야. 그럼 어느 쪽에 눈이 더 많이 오는 게 빙하기를 만드는 데 유리할까? 당연히 북극이겠지. 그러기 위해서는 어떻게 해야 할까? 북반구의 겨울은 상대적으로 따뜻해야 하고, 여름은 시원해야 해. 겨울이 온화해야 수분 증발이 많고, 그래야 눈

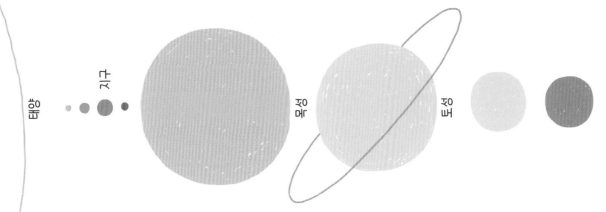

태양 · 지구 · 목성 · 토성

이 많이 내릴 테니까. 그리고 여름이 시원해야 내린 눈이 녹지 않고 유지될 테니까. 겨울을 더 온화하게, 여름을 더 시원하게 만들려면 거대한 행성인 목성과 토성을 이용해야 해. 두 행성은 거대한 중력으로 지구를 끊임없이 끌어당기고 있어. 이것은 태양 주위를 도는 지구의 궤도에 영향을 미쳐. 지구의 공전 궤도는 일정하지 않아. 때로는 더 둥근 모양이었다가 때로는 더 찌그러진 모양이 되기도 해. 지구의 자전축이 더 기울어질 때도 있고, 덜 기울어질 때도 있지. 북반구가 여름일 때 태양에 더 가까이 있을 수도 있고, 그 반대의 경우가 생기기도 해. 10만 년마다 우리의 행성은 빙하기를 만들기에 완벽한 위치에 가게 돼. 공전 궤도가 길어지고, 자전축은 그다지 기울어지지 않으며, 북반구가 여름일 때 태양과의 거리가 가장 멀어지는 상태야. 이런 상태가 되면 지구의 계절적 차이는 지금보다 줄어들어. 그럼 북반구의 겨울은 온화해서 눈이 많이 내리고, 여름은 서늘해서 눈이 별로 녹지 않지.

다 됐어. 이제 조용히 앉아서 수천 년만 기다리면 돼. 나머지는 기후 증폭기가 알아서 할 테니까. 얼음이 계속 생겨나면서 지구는 조금씩 하얗게 변해 갈 거야. 이후에 어떤 일이 벌어지는지 너도 잘 알지? 얼음이 햇빛을 반사해서 지구는 더 추워질 거야. 쌓인 눈은 점점 더 두꺼워질 테고, 높이높이 생겨난 얼음은 더 녹기 어려운 만년설이

될 거야. 고도가 높아지면 기온이 내려가니까. 추워질수록 증발하는 물은 적어지고, 공기 중에 남아 있는 수증기도 적어질 거야. 수증기는 열을 잡아 두는 역할을 해. 그러니까 대기 중 수증기가 적다는 것은 열을 더 많이 빼앗긴다는 뜻이야. 날씨가 추워지니까 식물이 죽고, 죽은 식물은 바로 얼어. 부패할 시간이 없으니까 CO_2를 간직한 채 얼음 속에 묻혀. CO_2를 방출할 기회도 잡지 못한 채 말이야. 바다도 추운 날씨에는 CO_2를 더 많이 잡아 둬. 대기 중 CO_2가 줄어든다는 게 어떤 의미인지 알지? CO_2는 온실가스니까 그 반대가 되는 거야.

빙하기가 지겨워졌니? 그럼 토성과 목성을 원래 위치로 되돌려 놔. 그럼 여름이 더 따뜻해지고, 겨울이 더 추워질 거야. 만년설은 저절로 녹게 될 테고, 더 많은 CO_2가 대기 중으로 방출될 테고, 지구는 다시 따뜻해질 테니까.

음, 이번 겨울잠은 무척 길어지겠군.

화산진과 태양의 흑점

마지막 빙하기는 얼마 전에 지났고, 우리는 이제 다음 빙하기를 기다리고 있어. 그런데 지금의 지구는 빙하기를 맞기에 그리 유리한 조건은 아니야. 자전축이 너무 기울어져 있고, 공전 궤도는 덜 찌그러져 있어. 만 오천 년 동안 지구는 쉬지 않고 해동되었어. 빙하는 계속 녹아내렸고, 해수면은 한 세기마다 몇 미터씩 올라갔어. 붙어 있던 땅도 분리되었고, 영국은 섬이 되었어. 일본, 태즈메이니아, 수마트라, 자바도 마찬가지야. 눈이 사라지고, 온도가 올라가자 나무가 다시 자라기 시작했어. 원시림이 북아메리카, 유럽, 아시아 전역으로 퍼져 나갔어. 그렇게 빙하기가 막바지에 이르렀지. 그런데⋯⋯.

몇 세기 전, 갑자기 지구에 추위가 닥쳤어. 이것 때문에 15세기에서 19세기까지를 소빙하기라고 부르기도 해. 당시에 그려진 그림들을 보면, 겨울을 묘사한 장면이 많아. 농사는 안됐고, 강은 얼어붙었고, 빙하는 다시 생겨났어. 천 년 전에는 어땠을까? 그때의 지구는 또 이상하리만치 따뜻했어. 그 기간 유럽에서는 농사가 아주 잘되었어. 잉글랜드 중부까지 포도가 탐스럽게 익었고, 벨기에에서는 복숭아나무가 자랐어.

왜 이런 일들이 일어나는 걸까? 정확히 알 수는 없지만, 과학자들은 화산 때문이라고 생각해. 천 년 전 그때에는 화산 활동이 활발하지 않았어. 화산은 많은 먼지를 공기 중에 내뿜어. 그러니까 화산 분출이 적다는 것은 햇빛을 막을 먼지가 별로 없다는 뜻이야. 그러니 당연히 지구가 쉽게 데워졌겠지. 그러다가 6백 년 전에 큰 화산 폭발이 몇 차례 있었어. 먼지가 햇빛을 차

단하자, 지구는 빠르게 식으면서 얼음이 생겨났어. 그런데 천 년 전 더위와 5백 년 전 추위를 만들어 낸 또 다른 용의자가 있었어. 바로 흑점이야.

흑점은 태양 표면에 보이는 검은 반점이야. 작은 점처럼 보이지만 실제로는 지구보다 훨씬 커. 태양의 표면은 정말 뜨거운데, 흑점은 나머지 부분에 비해 덜 뜨거운 곳이야. 그래서 어둡게 보이는 거지. 흑점은 11년 정도의 주기를 가지고 없어졌다 생겨났다 해. 태양이 활발하게 활동할 때 흑점이 많아져. 이때 알래스카와 캐나다 북부에서는 신비로운 오로라를 볼 확률이 높아진다고 해.

태양의 활동이 지구의 기후에 영향을 줄까? 아마 너는 그렇다고 생각할 거야. 태양이 더 열정적으로 타오르면 지구를 더 뜨겁게 달굴 거라고 말이야. 당시의 기록에 따르면 소빙하기 시대에는 이상할 정도로 흑점이 적었어. 하지만 그때의 천문학자들은 모든 걸 꼼꼼하게 기록하지 않았어. 그러니까 실제로 흑점의 수가 어땠는지는 확신하기 어려워. 평소와 같은 숫자였을 가능성도 꽤 크거든.

이걸 아는 게 왜 중요할까? 흑점이 당시의 기후를 바꿀 수 있었다면 지금도 그럴 수 있잖아. 그렇다면 우리는 CO_2만을 탓할 게 아니라 태양도 탓해야지. 많은 사람이 이 시나리오에 희망을 걸었어. 하지만 불행히도 태양이 활발하게 활동하던 기간에 지구의 온도는 겨우 0.1도 올랐어. 게으르게 활동하던 기간에는 0.1도 떨어지지 않았지. 그러니까 흑점은 소빙하기나 현재 일

어나고 있는 온난화와는 별 상관이 없다고 봐야 해.
더 확실한 근거를 얘기해 주자면, 지난 수십 년 동안
태양은 점점 더 게을러졌어. 흑점이 별로 나타나지
않았지. 하지만 지구의 온도는 계속 오르고 있잖아.
어때? 이래도 흑점을 탓할 수 있을까?

3 · 공기 방울과 나이테

▶ **이 장에서 우리가 읽을 내용은……**

- 네가 18세기 지질학자보다 더 많이 알고 있는 이유

- 산에 긁힌 자국이 있는 이유

- 과학자가 절망을 극복하는 방법

- 지구가 숨을 들이쉬고 내쉬는 방법

- 나이테로 하키 스틱 만드는 방법

- 고대의 공기 방울이 우리에게 말해 주는 것

- 지문으로 범인을 찾는 방법

■ **짧게 말해서: 기후 변화에 관한 연구들**

연구를 좀 해 볼까?

200년 전 사람들은 네가 지금까지 읽은 것들에 대해 잘 알지 못했어. 18세기 유럽의 과학자들은 지구와 기후에 대해 별로 연구하지 않았거든. 우리 행성에 대해 알아야 할 모든 이야기가 성경에 나와 있다고 믿었으니까.

신은 약 6천 년 전에 지구를 창조했어. 아일랜드 대주교였던 제임스 어셔James Ussher는 이걸 혼자 계산해 냈어. 정확히 말하자면 기원전 4004년 10월 22일 토요일 저녁 6시에 하느님은 하늘과 땅을 창조하셨어. 너는 웃을지도 모르지만, 어셔 대주교는 꽤 진지했어. 그는 성경에 나온 이야기를 역사적인 사건들과 비교했어. 월식이나 유명한 왕의 죽음 같은 거 말이야. 그리고 시작은 당연히 10월이어야겠지. 안 그러면 이브가 베어 물 사과가 없었을 테니까.

얼마 뒤, 대홍수가 일어났어. 노아의 방주 이야기 들어본 적 있지? 노아가 세상의 모든 동물을 방주에 태운 건 하느님이 대홍수를 일으켰기 때문이야. 이걸로 땅속에 묻혀 있던 뼈와 화석을 설명할 수 있어. 그들은 바로 노아가 미처 구하지 못한 동물인 거지.

18세기, 광부들은 증기 기관에 쓸 석탄을 찾아 지구를 점점 더 깊이 파 들어갔어. 그 덕에 지질학자들은 지구가 여러 층으로 되어 있다는 사실을 발견했지. 게다가 각 층에는 고유한 돌과 화석이 들어 있었어. 이러한 지층이 항상 일정하고 곧게 펼쳐져 있던 건 아니야. 어떤 곳은 휘어져 있었고, 어떤 곳은 끊어져 있었지. 이건 과거에 큰 재난이 있던 증거일 수 있어. 예를

6,000년

제임스 어셔
1581-1656
대주교

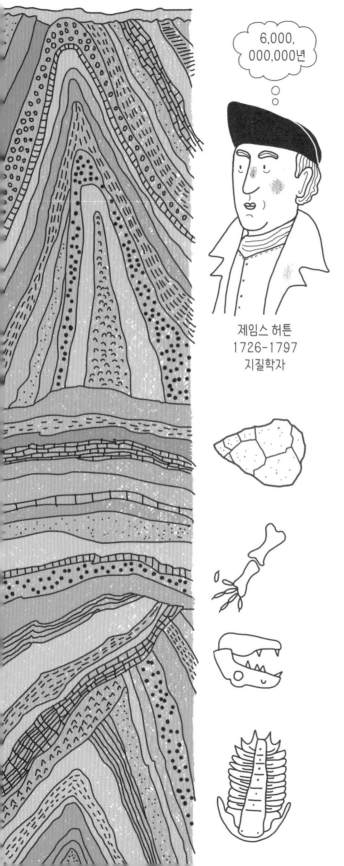

6,000,
000,000년

제임스 허튼
1726-1797
지질학자

들면 대홍수 같은 사건 말이야. 역시 대지는 완성되어 있었구나, 그들은 생각했을 거야.

스코틀랜드 과학자 제임스 허튼James Hutton은 이 문제에 관한 매우 다른 의견을 가지고 있었어. 지층이 하나씩 만들어졌다는 거야. 그러다가 한꺼번에 밀리고, 구겨 지고, 마모되었을 거로 생각했지. 과거나 지금이나 어 떤 동일한 힘이 산을 만들고, 또 사라지게 만들었다고 말이야. 어쨌거나 허튼의 가설에는 많은 시간이 필요 했어. 어셔 대주교가 계산한 6천 년보다 훨씬 더 긴 시 간이 말이야.

허튼과 같은 과학자들은 당시 사람들을 설득하기가 무척 어렵다는 것을 깨달았어. 그들은 종교의 시대에 살았고, 이때는 과학자들도 대부분 성경이 옳다고 믿 었거든. 하지만 점점 더 많은 과학자가 새로운 이론을 제시했어. 세상이 참으로 오래되었다는 이론들이었지. 예를 들어 볼까? 찰스 다윈이라는 학자가 있었어. 그 는 모든 동식물이 다른 종으로부터 아주 천천히 진화 해 왔다는 걸 발견했어. 그런 진화가 일어나려면 수백 만 년은 필요하거든.

점점 더 많은 사람이 지구가 6천 년보다는 더 오래되 었을 거라고, 성경이 모든 걸 말해 주지는 않는다고 생각하기 시작했어. 사람들은 세상이 어떻게 돌아가는 건지 정확히 알고 싶어졌어. 땅속에 있는 거대한 뼈는 누구의 것일까? 별들은 얼마나 멀리 떨어져 있을까? 그리고 이 이상한 돌들은 다 어디서 왔을까?

떠돌이 돌

북아메리카, 러시아, 북유럽에서는 떠돌이 돌을 흔히 볼 수 있어. 일반적으로 빙하 표석이라고 알려진 이 돌은 너무나 생뚱맞은 곳에서 발견되기 때문에 이런 별명이 붙었어. 떠돌이 돌은 주변 지형에서 볼 수 있는 돌이 아니거든. 그래서 어쩌다가 이 돌이 여기까지 왔을까 하는 물음이 생길 수밖에 없지. 떠돌이 돌 중에는 자동차보다도 더 크고 무거운 것도 있어. 캐나다 앨버타의 오코독스 근처에 있는 빅 록은 크기가 이층집만 하대. 그런데 이 돌이 나올 만한 산은 근처에 없어. 그게 진짜 이상한 거지.

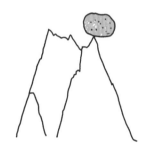

산악 지역에서 크고 작은 바위를 보는 건 별난 일이 아니야. 산에서 떨어져 나온 조각일 뿐이니까. 물살이 세면 제법 큰 돌도 강물에 휩쓸려 하류까지 떠내려갈 수 있어. 물살이 세지 않으면 자갈이나 모래 정도가 떠내려가겠지. 그런데 산이 전혀 없는 나라에서도, 산에서 떨어져 나온 커다란 돌이나 바위가 발견되는 거야. 어떤 바위는 마을 광장에 전시되기도 해. 그 옆에 푯말이 붙기도 하지.

이 신기한 떠돌이 돌을 두고 사람들은 많은 이야기를 지어냈어. 악마가 갖다 놓았다고 하는 사람도 있고, 땅에서 자라났다고 하는 사람도 있지. 그 아래에서 아기가 나온다고도 하고, 트롤이 싸우다가 서로에게 던졌다고도 하고, 거인이 거석 기념물을 만들기 위해 쌓았다고도 해. 물론 다 말이 안 되는 얘기들이지. 종교인들이 떠돌이 돌을 설명하기 위해 꺼내 든 대홍수 이야기도 마찬가지야. 그때의 과학자들은 성경을 믿고 싶어 했어. 그들은 빙산이 바위를 옮겼다고 생각했어. 빙산이 바위를 품은 채 바다를 떠다니다가, 어느 곳에 닿아 얼음이 녹으면 그곳에 바위가 남는다는 거지. 어때? 그럴듯해? 비록 그들이 전체 이야기를 다 파악하지는 못했지만, 그래도 방향이 나쁘지는 않았어.

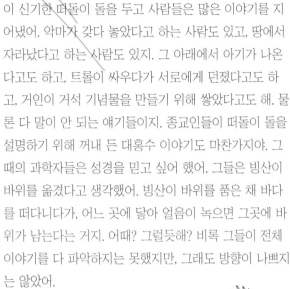

1837년, 스위스의 지질학자 루이 아가시 Louis Agassiz는 떠돌이 돌이 빙하에 갇혀 있었다는 가설을 내놓았어. 빙하는 천천히 움직이면서 수천 년에 걸쳐 돌을 운반했어. 얼음이 녹았을 때, 그들은 결코 있을 것 같지 않은 장소에 남게 되었지. 이건 분명 유럽이 거대한 만년설로 뒤덮였을 때 일어난 일일 거야. 바로 빙하기지. 이 이론에 대한 증

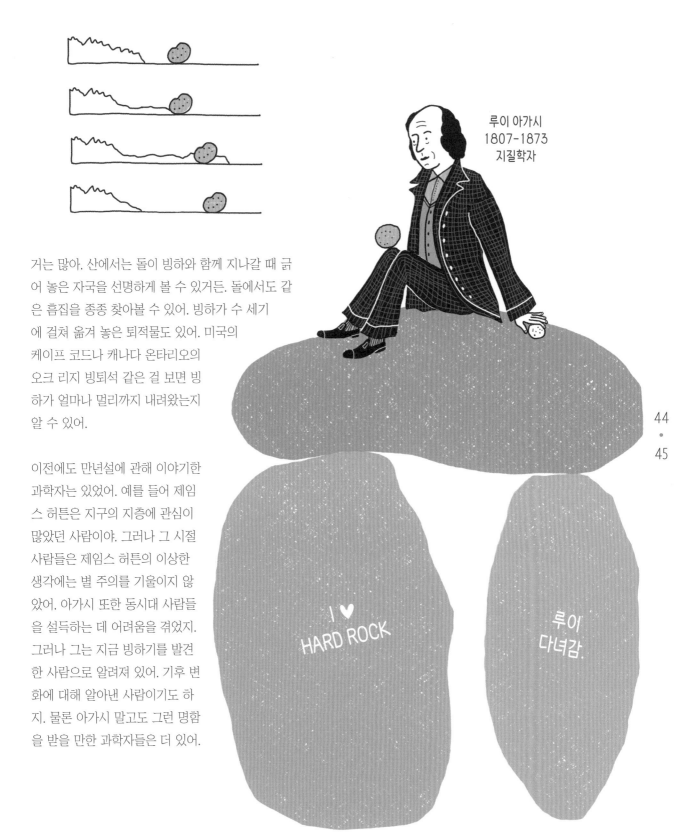

루이 아가시
1807-1873
지질학자

거는 많아. 산에서는 돌이 빙하와 함께 지나갈 때 긁어 놓은 자국을 선명하게 볼 수 있거든. 돌에서도 같은 흠집을 종종 찾아볼 수 있어. 빙하가 수 세기에 걸쳐 옮겨 놓은 퇴적물도 있어. 미국의 케이프 코드나 캐나다 온타리오의 오크 리지 빙퇴석 같은 걸 보면 빙하가 얼마나 멀리까지 내려왔는지 알 수 있어.

이전에도 만년설에 관해 이야기한 과학자는 있었어. 예를 들어 제임스 허튼은 지구의 지층에 관심이 많았던 사람이야. 그러나 그 시절 사람들은 제임스 허튼의 이상한 생각에는 별 주의를 기울이지 않았어. 아가시 또한 동시대 사람들을 설득하는 데 어려움을 겪었지. 그러나 그는 지금 빙하기를 발견한 사람으로 알려져 있어. 기후 변화에 대해 알아낸 사람이기도 하지. 물론 아가시 말고도 그런 명함을 받을 만한 과학자들은 더 있어.

I ♥
HARD ROCK

루이
다녀감.

44
.
45

온실 효과를 발견한 사람들

19세기 초, 프랑스인 조지프 푸리에Joseph Fourier는 무언가를 알아내기 위해 머리를 쥐어뜯고 있었어. 지구가 지금처럼 따뜻한 기온을 유지할 수 있는 건 대체 무엇 때문일까? 푸리에는 지구의 크기와 태양으로부터의 거리를 잰 다음, 이리저리 계산해 보았어. 그의 계산에 따르면 지구는 평균 영하 15도여야만 했어. 하지만 실제로는 영상 15도에 가까웠거든. 왜 그럴까? 그건 지구가 태양열 일부를 붙잡아 두기 때문이야. 푸리에가 온실 효과를 발견한 거야.

대기는 대부분 태양 광선이 지구에 들어오도록 내버려 둬. 햇볕은 땅이나 우리의 피부에 닿았을 때만 열을 발산

하는데, 화창한 겨울날에는 이걸 바로 느낄 수 있어. 공기는 차갑지만, 피부에 닿는 햇볕은 따뜻하거든. 이건 태양 광선의 일부가 열선으로 바뀌기 때문이야. 그리고 이렇게 바뀐 열선은 태양 광선이 지구에 들어올 때처럼 쉽게 대기를 빠져나가지 못해. 그러니까 지구의 대기는 온실의 유리와 같은 역할을 하는 거야. 유리창이 있는 자동차 안이나 교실 안에서도 비슷한 걸 느낄 수 있어. 날씨가 좋은 날에는 실내가 꽤 더워지잖아. 창을 통해 들어왔던 햇빛이 열로 바뀌어서 한동안 그 안에 머무르기 때문이야.

푸리에의 아이디어를 다른 누군가가 더 발전시키기까지는 70년이 걸렸어. 그 사람은 바로 스웨덴의 물리학자 스반테 아레니우스Svante Arrhenius야. 1896년, 결혼 생활에 실패한 그는 매우 절망한 상태였어. 상처 입은 천재 과학자는 우울을 어떻게 극복했을까? 아마 숫자에 얼굴을 파묻고

아하!

조지프 푸리에
1768-1830
물리학자

밤낮으로 계산을 하지 않았겠어? 획기적인 무언가를 발견할 때까지! 그리고 1년 뒤, 아레니우스는 발견했어. 공기 중 CO_2의 양이 절반으로 떨어지면 온도가 5도 내려간다는 사실을 말이야. 이건 빙하기를 만들기에 충분한 조건이지. 하지만 반대로 생각해 볼까? 공기 중 CO_2의 양이 두 배가 되면 어떻게 될까? 지구의 온도가 5도 상승해. 물론 이 숫자는 아레니우스의 계산에 따른 거야. 지금 생각해 보면 조금 과한 수치이긴 해. 그렇지만 아레니우스는 공장 굴뚝에서 나오는 CO_2가 지구를 데울 수 있다는 사실을 처음으로 발견한 사람이야. 늘어난 CO_2의 양은 지구의 온실 효과를 더욱 증가시키겠지. 이 정도면 그를 기후 변화의 발견자라고 부를 만하지?

그런데 추운 나라인 스웨덴에 살던 아레니우스는 이 온난화 효과에 아무런 불만이 없었어. 오히려 CO_2를 마구

뿜어내는 인간의 활동 덕분에, 자식과 손주들은 더 따뜻한 기후에서 살게 될 거라며 자랑스러워했대. 스웨덴 사람으로서는 나쁠 게 없었던 거지. 기온이 올라가면 농부들도 훨씬 더 많은 농작물을 재배할 수 있을 테니까. 그는 오히려 이 온난화 과정이 너무 오래 걸릴까 봐 걱정했어. 그의 바람을 충족시키기 위해서는 석탄을 더 많이 태워야 했지. 그리고 실제로 우리는 그렇게 했어. 물론 아레니우스를 위해서 그런 건 아니었지만…….

당신 CO_2 없이는 너무 추워.

스반테 아레니우스
1859-1927
물리학자

숨 쉬는 지구

의 양은 아주 정확하게 측정되어야 했기 때문에, 그곳은 킬링에게도 알맞은 장소였어.

킬링이 처음 측정을 시작했을 때, 공기 100만 입자당 CO_2 입자의 수는 315개였어. 나머지는 질소, 산소 등이 자리를 차지하고 있었지. 그렇다면 킬링은 공기 100만 입자 안에 315개의 CO_2가 들어 있다는 건 어떻게 알았을까? 먼저 특수 램프가 있는 장치에다가 공기를 집어넣어야 해. 램프는 TV 리모컨처럼 적외선을 방출하는데, 공기 중에 CO_2가 많을수록 이 적외선이 차단돼. 장치 끝에 있는 측정기는 적외선이 얼마나 차단되었는지를 확인하고 그 수치를 알려 줘. 이게 킬링이 공기 중 CO_2를 측정한 방법이야. 같은 방법으로 메탄 및 다른 기체의 입자 수도 측정할 수 있어.

1958년 어느 화창한 날, 미국의 화학자 찰스 킬링Charles Keeling은 하와이의 마우나로아산을 오르고 있었어. 킬링이 일할 연구소는 해발 3,397미터 높이에 있었거든. 그는 공기 중에 CO_2가 얼마나 있는지 측정할 예정이었고, 그런 일을 하기에 마우나로아산은 이상적인 장소였어. 문명과는 거리가 먼, 높은 고도의 공기는 맑고 깨끗하니까. 그래서 천문학자들은 공장과 자동차가 별로 없는 인근의 화산에 망원경을 설치해 놓고 별을 관찰했어. 공기 중 CO_2

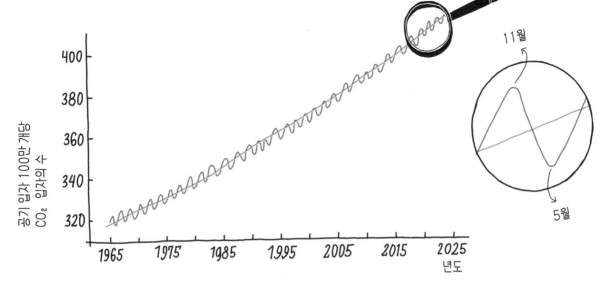

몇 년 동안 CO_2 측정을 계속한 뒤, 킬링은 중요한 사실을 두 가지 발견했어. 공기 중의 CO_2 양이 계절에 따라 변한다는 거야. 5월부터 CO_2 양이 감소하고, 11월이 되면 다시 증가해. 왜 그럴까? 킬링이 본 것은 지구 식물의 호흡이었어. 정확히 말하자면 북반구 식물의 호흡이지. 너도 알다시피 북반구에 땅이 더 많잖아. 그러니까 남반구보다는 북반구에 사는 식물이 훨씬 더 많겠지. 봄이 되면 식물이 자라면서 공기 중의 CO_2를 흡수해. 그러다가 가을이 되면 식물은 죽거나 잎을 떨구지. 그러면서 자연스럽게 공기 중 CO_2가 늘어나게 되는 거야. 그래프를 보면 공기 100만 입자당 CO_2의 양은 파도를 그리며 오르락내리락해. 315, 316, 317, 316, 315, 314, 313, 312, 313, 314, 315, 316, 317, 318, 317, 316, 315, 314, 313, 314, 315, 316, 317, 318, 319……

그런데 이 수치를 자세히 살펴보면, 킬링이 발견한 두 번째 중요한 사실을 알 수 있어. 파도의 정점이 매년 조금씩 높아지고 있다는 거지.

1958년에는 공기 입자 100만 개당 평균 CO_2의 양이 315개였고, 1959년에는 316개, 1960년에는 317개였어. 매번

입자가 하나씩 늘어났어. 그리고 증가 속도 또한 빨라졌어. 공기 중 CO_2의 양은 여전히 마우나로아산에서 측정되고 있는데, 지금 대기 중 CO_2 입자 수는 해마다 2개 이상 증가하고 있고, 2013년 5월 9일에는 처음으로 400개를 돌파했어. 물론 이 수치는 계속 올라가고 있지.

스반테 아레니우스가 이 소식을 들었다면 기뻐했을 거야. 그의 예측이 맞았으니까. 늘어난 CO_2의 양만큼 지구의 온도가 올라가고 있으니까.

찰스 킬링
1928 - 2005
화학자

자라나는 하키 스틱

네가 태어난 날 기온이 어땠는지 궁금하니? 그렇다면 인터넷을 찾아보면 돼. 과학자들은 1706년부터 온도를 측정하고 기록하기 시작했거든. 그럼 그 이전의 온도가 궁금하다면 어떻게 해야 할까? 아주 먼 과거의 온도를 기록해 놓은 자료는 없잖아. 이걸 알아내는 방법에는 여러 가지가 있어. 온도계처럼 정확한 건 아니지만, 그래도 꽤 믿을 만한 수치를 얻을 수 있어.

먼저 나이테를 확인하는 방법이 있어. 나이테에는 생각보다 많은 정보가 들어 있어. 나무의 나이뿐만 아니라, 특정 나이테가 생겨날 당시의 기후까지도 유추할 수 있지. 그해가 더웠는지, 추웠는지, 습했는지, 건조했는지 말이야. 넙고 습한 여름에는 그렇지 않은 여름보다 나무가 빨리 자라잖아. 그래서 나이테가 두꺼워져. 금방 베어 낸 나무뿐만 아니라, 수천 년 동안 땅속에 묻혀 있던 화석화된 나무에서도 같은 정보를 얻을 수 있어.

요즘 연구자들은 땅을 뚫고 들어가고 있어. 해저도 뚫고, 만년설도 뚫지. 그러면서 아주 오래전에 묻힌 여러 가지 정보들을 캐내고 있어. 깊숙이 들어갈수록 더 오래된 자료를 얻을 수 있어. 빨래 바구니나 만화 더미를 생각해 봐. 오래된 속옷이랑 오래된 만화가 맨 아래에 있잖아. 왜냐하면 새것이 그 위에 계속 쌓이니까.

20세기 말, 미국인 마이클 E. 만Michael E. Mann이 동료들과 함께 만든 그래프가 있어. 이 그래프는 아주 유명해졌지. 지난 천 년 동안 지구의 온도를 보여 주고 있었거든. 그들은 그래프를 만들기 위해 수천 개의 나무, 즉 나이테를 조사했어. 이 그래프는 너무 유명해져서 하키 스틱이라는 별명까지 붙게 되었지. 하키 스틱의 긴 부분, 그러니

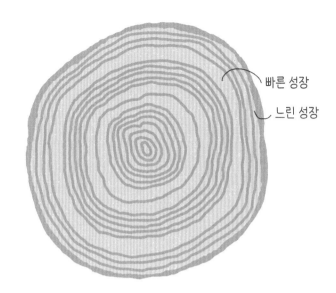

빠른 성장

느린 성장

까 손잡이가 있는 부분은 1000년에서 1900년 사이의 온도야. 거의 일자로 흐르고 있고, 900년 동안 변화가 별로 없어. 그러다가 1900년부터 가파르게 올라가는데, 이 부분이 하키 스틱의 짧은 부분, 그러니까 칼날에 해당하는 부분이야. 지난 세기 지구의 온도는 빠르게 상승했어. 지금도 마찬가지지. 하키 스틱의 칼날이 계속 자라나고 있는 거야.

마이클 E. 만과 그의 동료는 많은 비판을 받았어. 측정이 정확하지 않다고 말이야. 천 년 전 무척 더웠던 기간이나, 5백 년 전 추웠던 기간조차도 제대로 나타나 있지 않다는 거였지. 그래서 20년 뒤 그들은 다시 조사했어. 그

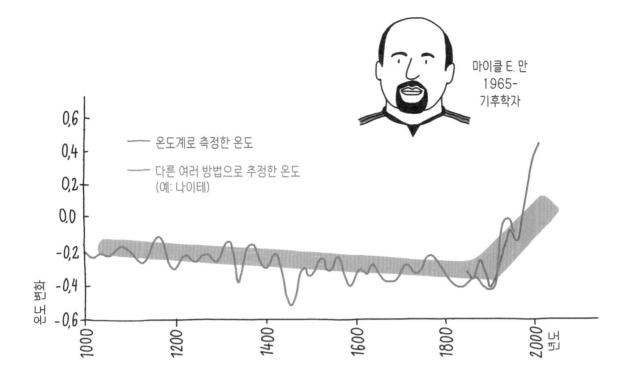

온도계로 측정한 온도

다른 여러 방법으로 추정한 온도
(예: 나이테)

마이클 E. 만
1965-
기후학자

사이 정밀한 측정을 위한 기술도 많이 나왔어. 결과는 같았어. 지구는 빠르게 온난화되고 있었어. 다른 과학자들이 다른 방법을 써서 측정한 결과도 똑같았어. 하키 스틱이 옳았던 거야.

공기 중 CO_2가 증가하는 만큼, 기온도 함께 올라가고 있어. 아레니우스

말이 맞았어. 대기에 CO_2가 많을수록 뜨거워진다는 거 말이야. 그러나 우리가 아는 과거의 온도는 겨우 천 년 전까지잖아. 기후는 긴 시간에 걸쳐 변화하니까, 그 전의 온도를 알아내는 것도 중요해. 그러기 위해서는 추운 곳으로 가야 해.

얼음 속에 갇힌 기억

남극 대륙에 눈이 내리고 있어. 솜털 같은 눈송이가 나풀거리며 내려앉고 있지. 해마다 눈 위에 다른 눈이 쌓여. 그러니까 바닥에 내려앉은 눈송이는 해가 갈수록 점점 더 깊이 내려가게 되겠지. 그러는 동안 눈 속의 작은 공기 방울은 외부 세계와 차단된 채 그 안에 갇히게 돼. 이 공기 방울에는 산소, 질소, 매머드의 숨결, 바다에서 온 소금, 꽃가루…… 그리고 CO₂가 들어 있어. 공기 방울은 점점 더 아래로 내려가. 눈은 쌓이고 또 쌓이고, 아래쪽에 있던 눈은 압축되어 얼음으로 변해. 모든 얼음층이 이런 공기 방울을 품고 있어. 그리고 각각의 공기 방울은 당시 기후에 대한 기억을 품고 있어.

80만 년 뒤, 한 연구팀이 온몸을 따뜻하게 칭칭 감고 기둥과 케이블로 이루어진 어떤 장치 옆에 서 있어. 기온은 영하 40도에, 바람도 거칠게 불어 대고 있지. 장치에 부착된 것은 10센티미터 드릴이야. 드릴이 파낸 얼음 막대가 하나씩 올라오고, 연구자들은 그 얼음 막대를 조심스럽게 포장해. 그들은 얼음을 1미터씩 자른 다음, 얼음이 들어 있던 깊이를 표시했어. 이 작업은 5년 동안 계속되었어. 드릴은 3킬로미터 깊이까지 들어갈 수 있어. 이건 80만 년 전에 만들어진 얼음을 꺼낼 수 있다는 말이야. 당시에 갇혔던 공기 방울도 마찬가지지.

얼음 막대는 영하 35도의 실험실로 옮겨졌어. 차가운 실험실 선반에는 금속 튜브들이 놓여 있는데, 그 안에는 그린란드와 남극 대륙 여기저기서 가져온 얼음 막대가 들어 있어. 이따금 과학자들은 그 튜브 중 하나를 꺼내어, 조심스럽게 그 얼음층을 조사해. 작은 얼음 조각을 녹여서 수십만 년 전에 갇힌 공기 방울을 방출한 다음, 이 공기를 시험관에 가둬서 분석하는 거지.

과학자들은 이 얼음 막대에서 다양한 정보를 얻을 수 있어. 여름에 내리는 눈과 겨울에 내리는 눈은 달라서, 층만 보아도 연도를 구분할 수 있고, 꽃가루 알갱이를 보면 당시에 어떤 식물이 자라고 있었는지도 알 수 있어. 소금기가 많다면 그해에 바닷바람이 많이 불었다는 얘기야. 화산재는 어떤 화산이 활동 중이었는지 알려 줘. 그러나 우리에게 가장 중요한 것은 온도와 CO₂의 양이지.

킬링이 했던 방법으로 이 오래된 공기 방울 안에 있는 CO₂의 양을 측정할 수 있어. 그렇지만 과거의 온도를 알아내는 것은 좀 더 까다로워. 그런 건 얼음에 정확하게 보존되지 않으니까. 물론 얼음층의 두께로 온도를 어느 정도 유추할 수는 있어. 너무 추울 때는 그렇지 않을 때보다 눈이 덜 내리거든. 추울 때 눈이 더 많이 내릴 것 같

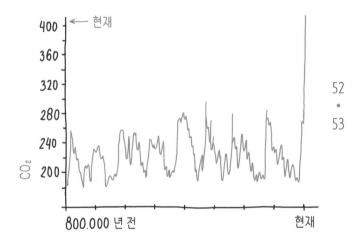

지만 그렇지 않아. 열기가 있어야 물이 증발하고, 그래야 구름이 형성되고, 그래야 눈이 내리기 때문이야. 그러니까 얇은 얼음층을 보면 두꺼운 얼음층보다 기온이 낮았다는 걸 알 수 있어. 그런데 이것보다 더 정확하게 알아낼 방법은 없을까? 물론 있지!

공기 방울에 있는 산소의 종류로 당시의 온도가 어땠는지 알 수 있어. 넌 지금 이런 생각을 하겠지? 산소에도 종류가 있단 말이야? 맞아. 일부 산소 입자는 다른 입자보다 살짝 가벼워. 그리고 가벼운 산소 입자를 가진 물은 무거운 산소 입자를 가진 물보다 더 빨리, 더 쉽게 증발해. 그럼 추울 때는 어떤 물이 많이 증발할까? 당연히 가벼운 산소를 가진 물이겠지. 낮은 온도에서는 물이 증발하기 힘들잖아. 그러니까 가벼운 산소 입자가 많고, 무거운 산소 입자가 적은 공기 방울이 들어 있는 얼음층은 아마도 빙하기에 만들어졌을 거야. 언제? 조금 복잡하긴 하지?

너무 걱정할 필요는 없어. 이런 어려운 연구는 전문가에게 맡기면 되니까. 어쨌거나 그들은 얼음 연구를 통해, 지난 80만 년 동안 대기 중 CO_2 양이 어땠는지 알아냈어. 놀랍게도 그 오랫동안 100만 입자당 CO_2의 양은 278개를 넘긴 적이 없어. 그런데 지금 갑자기 400개가 되었다는 건 정말 엄청난 일이야. 온도 증가 그래프와 CO_2 증가 그래프를 겹쳐보면 거의 똑같은 패턴을 보인다는 걸 알 수 있어. CO_2의 개수가 오르면 온도도 올라. 그래프가 아래로 뚝 떨어지는 시기는 빙하기고, 그 반대는 따뜻한 시기지. 게다가 지난 200년 동안 CO_2가 기록적으로 상승하는 걸 볼 수 있어. 온도도 같이 오르긴 하지만, CO_2보다는

한발 늦어. 온도는 측정이 더 어렵기도 하지만, 바다가 열을 많이 흡수하기 때문이야. 지난 200년 동안 인구는 폭발적으로 늘었어. 그리고 우리는 공장, 자동차, 비행기 등을 굴리면서 엄청난 양의 CO_2를 공기 중으로 내뿜고 있어. 그러니 온도가 올라가는 건 우리 탓이라고 해야겠지. 안 그래? 그런데 정말 그럴까?

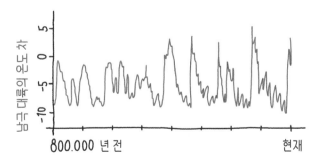

아야

CO₂의 지문

사람들이 가끔 닭이 먼저냐, 알이 먼저냐 물을 때가 있어. 어리석은 질문이지. 당연히 알이 먼저 아니야? 공룡은 닭이 출현하기 훨씬 이전부터 알을 낳고 있었단 말이야. 그러니 알이 먼저지. 하지만 좋아. 사람들이 묻는 건, 닭은 알에서 나오고, 알은 닭에서 나오니까 대체 그 시작은 어디인가, 이거잖아.

CO₂와 온도에 관해서도 같은 질문을 할 수가 있어. 그래프를 보면 이 둘은 거의 똑같이 상승하고 있거든. 많은 과학자가 대기 중 CO₂가 증가했기 때문에 온도가 높아졌다고 생각해. 하지만 그 반대일 수는 없을까? 지구가 더워지고 그 결과 더 많은 CO₂가 대기 중으로 방출된 것이라면? 그렇다면 지구 온난화는 우리의 잘못이 아니잖아. 태양의 힘이나 지구의 위치, 해류 같은 다른 원인이 있을 수 있으니까.

CO₂와 온도의 그래프를 보면 보통은 CO₂가 온도보다 약간 앞서가. 그런데 빙하기의 그래프를 자세히 들여다보면, CO₂가 온도보다 약간 뒤처지는 걸 볼 수 있어. 빙하기가 시작되면서 온도가 먼저 내려가고, 그다음에 CO₂의 양이 감소하는 거지. 이걸 통해 알 수 있는 건, 대기 중 CO₂가 줄어들어서 빙하기가 온 게 아니라는 거야. 태양과 지구의 위치 때문에 온도가 변했어. 날씨가 추워지면 공기 중 CO₂도 줄어들기 때문에 기온은 더 떨어지겠지. 그러니까 공기 중 CO₂ 양은 온도 변화의 원인이 될 수도 있고, 결과가 될 수도 있어. 닭이 알을 낳고, 또 그 알에서 닭이 나오는 것처럼 말이야.

온도

CO₂   CO₂

지난 몇 세기 동안의 그래프를 보면 CO_2와 기온은 서로 얽히고설키면서 같은 방향으로 나아가고 있어. 더 많은 CO_2는 온난화를 유발하고, 온난화는 더 많은 CO_2를 공기 중에 방출해. 하지만 그 CO_2가 바다나 화산이 아니라 공장의 굴뚝과 자동차의 배기관에서 나온다는 걸 어떻게 확신할 수 있을까? 흠, 증거는 많아. 북반구의 CO_2 증가는 언제나 남반구의 CO_2 증가보다 2년 정도 앞서 있어. 2년은 정확히 CO_2가 지구에 넓게 퍼지는 데 걸리는 시간이야. 무슨 말이냐면 요즘 늘어나는 CO_2 대부분이 북반구에서 나온다는 말이야. 북반구에는 사람이 많이 살아. 북반구에는 더 많은 공장과 자동차가 있어. 그러니까 늘어나는 CO_2는 인간이 내뿜은 게 맞겠지.

더 강력한 증거도 있어. CO_2는 일종의 지문을 가지고 있어. 산소와 마찬가지로 CO_2도 무거운 게 있고 가벼운 게 있거든. 식물은 특히 가벼운 CO_2를 좋아해. 그래서 가벼운 CO_2는 식물에 흡수되고, 무거운 CO_2가 공기 중에 남게 돼. 이게 자연스러운 거지. 그런데 18세기 이후로 이 비율이 변화하고 있어. 공기 중에 가벼운 CO_2가 점점 더 늘어나는 거야. 가벼운 CO_2는 석탄, 가스, 석유를 태울 때 방출되는데, 그 이유는 이 연료들이 바로 식물로 만들어진 것이기 때문이야. 또한 공기 중 산소의 양이 줄어들고 있어. 화석 연료를 태우려면 산소가 필요하거든. 아까 우리가 의심했던 바다나 화산 같은 다른 용의자들은 산소가 필요 없어. 그러니 그들이 범인이라면 산소가 줄어들 일도 없었겠지.

2019년, 과학자들은 기후 변화가 인간의 활동 때문일 거라는 가능성이 다른 가능성에 비해 백만 배나 더 크다고 말했어. 과학에서 이것보다 더 확실한 건 없어. 과학자들은 절대 100퍼센트라고 말하지 않거든.

4 · 굴뚝과 소의 방귀

▶ **이 장에서 우리가 읽을 내용은……**

- 그 많던 숲은 다 어디로 갔을까?

- 와트가 누구일까?

- 석탄의 비밀

- 사막 한가운데 고층 빌딩이 있는 이유

- 하루에 인구가 얼마나 더 늘어나는지

- 네가 쓰는 전기도 증기 기관에서 왔다는 것

- 왜 석유는 진하고, 휘발유는 묽은지

- 왜 소가 그렇게 순진해 보이는지

■ **짧게 말해서: 기후 변화의 원인에 대해**

나무

언제부터 인간이 기후에 영향을 끼치기 시작했을까? 예전에는 대기 중 CO_2에 영향을 끼쳤던 건 자연밖에 없었거든. 그런데 40만 년 전쯤 인간이 처음으로 모닥불을 피우기 시작했어. 물론 그 사람들을 비난할 수는 없어. 혹독한 추위도 모자라, 먹이를 찾아 배회하는 늑대 무리가 옆에 있다고 생각해 봐.

불을 피우면 나무에 있던 탄소가 공기 중으로 날아가. CO_2의 형태로 말이지. 산불도 자주 발생했어. 산불은 우연히 났을 수도 있고, 아니면 선사 시대 사람들이 야생동물을 더 쉽게 사냥하려고 일부러 냈을 수도 있어. 어쨌거나 고고학자들은 지난 빙하기에 만들어진 층에서 숯을 발견했어. 그건 당시에 큰 산불이 있었다는 증거야. 산불은 많은 양의 CO_2를 공기 중에 내보내고, CO_2를 다시 흡수할 나무는 없애버려. 산불은 지금도 여전히 발생하고 있어. 지난 수 세기 동안 유럽, 아시아, 북아메리카에서 많은 산불이 발생했고, 21세기에 들어서는 호주, 캐나다, 브라질, 인도네시아 같은 곳에서 산불이 많이 발생하고 있어.

5천 년 전, 중앙아메리카와 동북부 아메리카는 어떤 모습이었을까? 온통 숲이었어. 앞을 보든, 뒤를 보든, 옆을 보든 나무로 빽빽했어. 나무들 사이에는 고사리, 버섯, 이끼가 가득했어. 딱정벌레, 쥐, 여우가 숲을 헤집고 다녔어. 지금 그곳에는 뭐가 있는지 알아? 학교, 스케이트장, 슈퍼마켓, 대형 경기장이 있어. 그럼 그 많던 나무들은 어디로 갔을까?

나무는 대부분 건설에 쓰였어. 집, 배, 도로……. 이런 것들은 모두 나무로 만들어졌어. 사람들은 숲을 베어 내거나, 나무에 불을 붙이는 것에 아무런 거리낌이 없었어. 오히려 적극적이었지. 숲은 어두웠고, 무서운 동물과 흉악한 강도들이 많았으니까. 숲을 없애자!

수 세기 동안 사람들은 나무를 이용해 마을과 도시를 건설했어. 벽돌집이 생겨난 이후에도 나무는 여전히 필요했어. 벽돌은 진흙을 구워서 만드는데, 그걸 굽기 위해서는 뭐가 필요하겠어? 바로 나무지. 대장장이도 쇠를 달구려면 나무가 필요했고, 빵 굽는 사람, 유리공예가도 예외는 아니었어.

대도시 주변의 숲은 사라져갔어. 부유한 도시와 국가들은 목재를 먼 곳에서 가져와야 했지. 오늘날 우리가 석유를 먼 나라에서 가져오는 것처럼 말이야. 17세기, 경제 호황을 누리던 네덜란드는 스칸디나비아와 독일에서 목재를 수입했어. 당시 라인강에는 목재 운반을 위한 뗏목이 지나다녔어. 지금의 고속 열차 길이와 맞먹을 만큼 긴 뗏목이었지.

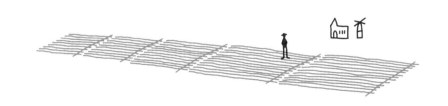

19세기까지 이러한 목재의 소비는 대기 중 CO_2 양을 늘리는 주요 원인이었어. 얼음 막대를 들여다보면, 17세기에 만들어진 공기 방울을 발견할 수 있는데, 경제 호황기에 만들어진 그 공기 방울에는 CO_2가 꽤 많이 들어 있어. 물론 아직 그렇게 심각한 수준은 아니었지. 19세기 초, 지구에 살던 인간은 겨우 10억 명이었거든. 그리고 산업 혁명은 이제 막 시작되려던 참이었으니까.

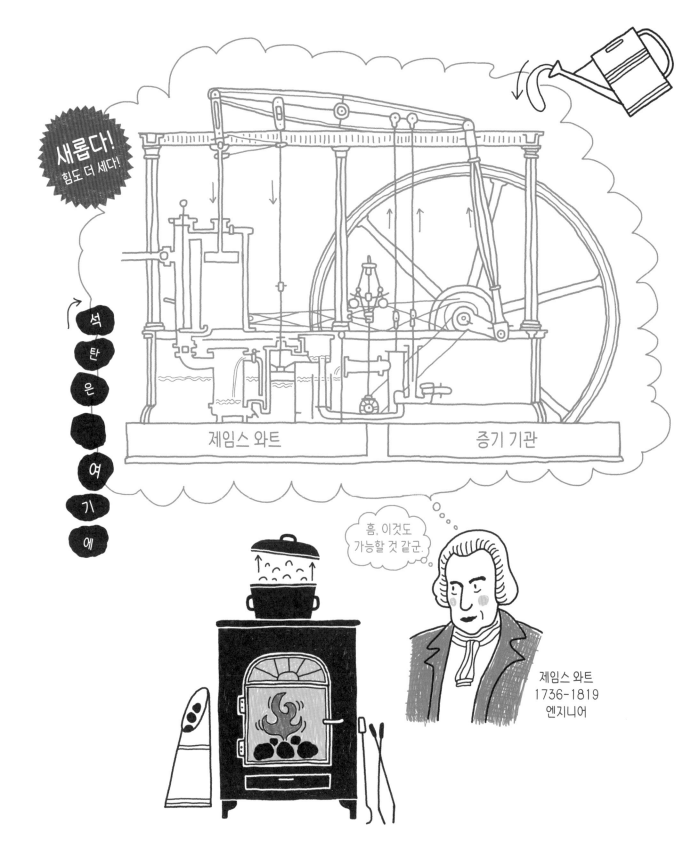

증기 기관

냄비에 물을 붓고 뚜껑을 닫은 채 끓여 봐. 조금만 지나면 뚜껑이 덜그럭거리기 시작할 거야. 이건 물이 증기로 변하기 때문이야. 수증기는 액체인 물보다 더 많은 공간이 필요하거든. 냄비 안 공간이 좁으니까, 빠져나가려고 뚜껑을 밀어내는 거야. 이게 열이 운동을 일으키는 방식이야. 이 간단한 공식이 증기 기관의 기초야. 그리고 증기 기관은 산업 혁명의 기초지.

그러나 냄비로 끓인 물을 가지고 증기 기관차를 움직이거나 방직 기계를 돌릴 수는 없겠지? 다행히 당시에는 증기 기관에 대해 잘 아는 발명가가 많았어. 그들은 괜찮은

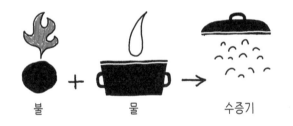

불   물   수증기

증기 기관을 만들 때까지 끊임없이 연구하고 실험했어. 그러다가 250년 전쯤에 제임스 와트라는 사람이 인간이나 말이 하던 일을 대신할 수 있는, 그러니까 충분한 힘을 가진 증기 기계를 만들어 냈어.

내가 힘 좀 쓰지!
마력!

제임스 와트는 스코틀랜드 사람이었어. 너도 알다시피 산업 혁명은 영국에서 시작되었잖아. 새로운 농업 기술 때문에 영국의 인구는 빠르게 증가했어. 사람들은 옷이 필요했지만, 손으로 실을 잣고, 천을 짜는 방식으로는 그 수요를 감당해 낼 수 없었어. 그런데 증기 기관이 발명된 이후, 증기를 동력으로 하는 직조기와 방적기가 만들어졌어. 이 기계는 엄청난 성공을 거두었어. 점점 더 많은 기계와 공장이 만들어졌어. 영국에서 시작된 산업 혁명은 전 세계로 뻗어 나갔지.

증기 기관은 정말 놀라운 발명품이었어. 이전까지 사람들이 쓸 수 있는 동력은 바람, 물, 그리고 근육밖에 없었어. 풍차가 물을 퍼내고, 간척지라고 불리는 새로운 땅을 만들었어. 물레방아가 곡물을 빻고, 말이 수레를 끌고, 사람들이 손으로 천을 짰어. 증기 기관은 이 모든 걸 더 빠르게, 더 잘해 냈어. 게다가 절대 피곤해하지도 않았지. 단지 물을 데우기 위한 연료만 있으면 돼. 그 연료가 뭐였을까? 바로 석탄이었어. 왜냐하면 그 시기 나무는 거의 바닥이 났거든.

사람들은 땅속에서 석탄을 캐냈어. 먼저 얕은 곳부터 시작했지. 지하수 때문에 더 깊이 들어가는 건 위험했으니까. 그러다가 증기 기관이 발명되면서 지하수를 퍼낼 수 있게 되었어. 광부들은 수 킬로미터 깊이에서 석탄을 캤어. 3억 년 동안 그곳에 갇혀 있던 석탄이었지.

으깨진 습지 생물

3억 년 전 거대 곤충의 시대로 돌아가 보자. 아직 공룡은 나타나기 전이야. 세상의 많은 부분이 나무와 풀로 뒤덮여 있었어. 날씨는 덥고 습했지. 열대의 바닷가처럼 말이야. 늪은 고사리 종류와 깃털 같은 이파리를 가진 이상한 식물로 가득했어. 수많은 곤충이 여기저기서 윙윙거렸지. 등장한 지 얼마 안 된 파충류가 날아다니던 벌레를 낚아챘어. 하지만 그들은 메가네우라를 조심해야 해. 메가네우라는 까치만 한 날개를 가진 거대 잠자리니까.

우리가 메가네우라에 대해 알게 된 건, 프랑스의 탄광 깊숙한 곳에서 화석이 발견되었기 때문이야. 이렇게 섬세하고 연약한 날개를 가진 곤충이 3억 년 동안 보존되어 있었다는 게 정말 놀랍지? 다른 거대 잠자리들은 대부분 먹이가 되거나, 썩어 버렸으니까. 하지만 이 메가네우라는 죽은 뒤, 물고기가 별로 없는 늪에 빠졌어. 그래서 물고기에게 잡아먹히지 않았던 거지. 바닥에 가라앉았을 때도 썩지 않았어. 산소가 별로 없는 늪이었을 테니까. 잠자리가 으스러지지 않은 것은 기적이야. 수천 마리가 늪 바닥에 묻혔을 텐데. 그

중 온전하게 보존된 잠자리가 얼마나 되겠어?

이 잠자리는 죽은 나무와 풀, 나뭇잎 사이에 껴서 사라졌어. 그들은 엄청난 양의 탄소를 품은 채 점점 더 깊은 곳으로 내려갔어. 천천히 스펀지처럼 생긴 물질이 생겨났는데 이게 바로 이탄이야. 이탄은 죽은 식물로 구성된 물질이야. 이탄을 말리면 연료로 쓸 수 있어. 식물이 주재료니까 안 될 것도 없지. 우리는 나무를 연료로 써. 모닥불을 생각해 봐. 그리고 우리 몸도 식물을 연료로 써. 무슨 말이냐면, 우리가 시금치 같은 나물을 먹으면 몸이 그걸 태우는데 그 과정에서 에너지가 나와. 식물에 에너지가 들어 있는 거야. 탄소가 많을수록 더 많은 에너지를 품고 있어. 그게 바로 석탄의 비밀이야.

석탄은 엄청나게 압축된 이탄이야. 수백만 년에 걸쳐 이탄은 점점 더 깊은 땅속으로 들어갔어. 그곳은 지표면보다 훨씬 뜨거워. 그 위에 두꺼운 모래와 진흙층이 생겼어. 그 위를 공룡이 지나다녔어. 그 위에 바다가 있던 때도 있었어. 이 모든 과정이 이탄을 점점 더 세게 누르면서, 이탄에 들어 있던 산소와 물을 짜내고, 더 단단하게 만들었어. 탄소가 점점 농축되었어. 그 안에 더 많은 에너지가

늪지

식물의 잔해

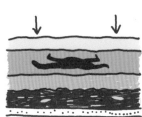
석탄

축적되었다는 뜻이지. 100미터 두께의 이탄층이 10
미터 두께의 석탄층이 되었어. 그러니까 석탄 1킬
로그램은 이탄 1킬로그램 혹은 나무 1킬로그램보다
더 오래 탈 수 있어.

식물이 땅속에 묻히는 건 항상 일어나는 일이야. 3
억 년 전에도 그랬고, 지금도 그렇지. 하지만 메가네
우라가 살던 시대에는 정말, 정말 많은 숲이 사라져
갔어. 그리고 그게 오랜 시간에 걸쳐 석탄이 되었지.

석탄에는 고사리 같은 식물의 화석이 많이 들어 있
어. 아주 가끔 메가네우라 같은 선사 시대 생물도
등장하지. 그래서 석탄을 '화석 연료'라고 부르는 거
야. 화석 연료에는 석탄 말고 다른 친구들도 있어.
바로 석유와 천연가스야.

플랑크톤
물고기의 먹이

으깨진 바다 생물

석유는 석탄보다 훨씬 덜 고르게 분포되어 있어. 쿠웨이트나 사우디아라비아 같은 나라는 이런 불공평한 분포에 아무런 불만이 없지. 자기네 나라에는 석유가 가득하고, 그걸 엄청나게 비싼 값으로 팔고 있으니까. 그 돈으로 그들은 사막 한가운데 고층 빌딩을 짓고, 비싼 상점을 열고, 현대적인 미술관을 만들고 있어.

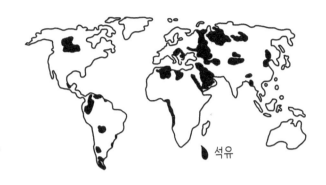

석유

2억 년 전, 이 지역에는 넓고 얕은 바다가 있었어. 물고기, 바닷가재, 새우, 플랑크톤이 가득했지. 바다 생물이 죽어서 바닥에 가라앉으면, 그 위를 모래와 진흙이 덮어 버려. 그러면 바다 생물은 썩지 않고 그대로 묻히게 되지. 이런 일이 수백만 년 동안 계속되었어. 죽은 바다 생물은 점점 더 깊이 내려갔고, 이탄과 마찬가지로 압력을 받아 점점 단단해졌어. 그리고 마침내 석탄처럼 탄소만 남은 상태가 되었지. 석탄과 다른 점이 있다면, 식물의 비중이 작고, 묻혀 있던 곳이 훨씬 깊었다는 거야. 땅속 깊이 들어갈수록 온도가 올라간다고 했지? 뜨거운 곳에 있던 그들은 액체 상태로 남았어. 이게 바로 석유야.

석유나 석탄이 있는 곳에서는 천연가스도 함께 발견될 때가 많아. 이 천연가스는 대부분 메탄이야. 석유나 석탄에 높은 열을 가하면 메탄이 발생하는데, 석유나 석탄은 땅속 깊이 들어 있어서 이런 환경에 노출되기 쉬워. 100도 이상 올라가는 곳이 많으니까. 동식물의 잔해에서 빠져나온 메탄은 다른 기체들이 그렇듯이 위로 올라가려고 하겠지. 대부분은 작은 구멍이나 틈 사이로 빠져나갔는데, 종종 그러지 못한 가스들이 공기 주머니처럼 땅속에 남게 된 거야.

이제 알겠지? 전 세계의 땅속에는 두꺼운 탄소층이 있어. 석탄처럼 고체인 형태도 있고, 석유처럼 액체인 형태도 있고, 천연가스처럼 기체인 형태도 있지. 이 탄소는 수억 년 전에 죽은 동물과 식물의 잔해에서 왔어. 만약 그들이 얕은 바다나 늪에 빠지지 않았다면 그대로 썩어 버렸을 거야. 그러면 그 모든 CO_2는 조금씩 공기 중으로 날아가 버렸겠지. 하지만 그들은 늪에 빠졌고, 그래서 지금 우리 발밑에, 자연이 수백만 년에 걸쳐 만든 엄청난 양의 탄소 덩어리가 남게 된 거야. 그리고 우리는 그걸 불과 몇 세기 만에 꺼내서 공기 중으로 날려 보내고 있어.

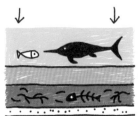

● 모래, 실트
● 동식물의 잔해

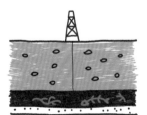

● 모래, 실트, 돌
● 석유와 천연가스

여기도 사람, 저기도 사람

제임스 와트가 살던 시대, 지구에는 10억 명의 인구가 있었어. 1000 곱하기, 1000 곱하기, 1000 곱하기를 하면 돼. 사람들은 말과 수레를 타고 다녔어. 자동차 같은 건 없었거든. 증기 기관차가 만들어진 지도 얼마 안 되었어. 많은 사람이 비좁은 집에서 대가족으로 지냈어. 화장실도 없었고, 수도 시설도 없었어. 오물이 넘쳐 났고, 더러운 환경 때문에 전염병이 자주 돌았어. 그때는 병에 걸리면 죽을 확률이 높았어. 그걸 치료할 약이 없었으니까.

인구가 두 배가 되기까지는 123년이 걸렸어. 1927년에 20억이 되었지. 어쩌면 네 할머니의 할머니가 그때 살아계셨을 수도 있어. 말과 수레와 함께 자동차가 지나다녔어. 하수구와 연결된 화장실이 생겼고, 누군가 항생제를 발견했어. 그러자 사람들이 병으로 죽는 일이 줄어들었어. 이때부터 인구는 더 빠르게 증가하기 시작했어.

100년도 채 되지 않아, 지구에는 80억 명에 가까운 사람이 살게 되었어. 그와 더불어 10억 대의 자동차, 20억 대의 컴퓨터, 150억 대의 전화기가 생겨났지. 모든 자동차가 연료를 소비해야 하고, 모든 기계가 전기를 소비해야 하고, 모든 사람이 먹고 마셔야 해. 이 와중에도 인구는 점점 더 늘어나고 있지.

앞으로 인구가 얼마나 빠르게 늘어날지는 예측하기 어려워. 네가 지금 이 문장을 읽는 동안에도 삼십 명이 태어났고, 열 명이 죽었어. 날마다 20만 명이 세계 인구에 합류하고 있어. 이 상태가 계속된다면 2050년에는 110억, 2100년에는 170억이 될 거야. 그런데 요즘은 예전만큼

아이를 많이 낳지 않지. 아마 너도 너희 할머니나 할아버지처럼 형제가 많지는 않을 거야. 이런 걸 고려해 본다면 2050년에는 95억, 2100년에는 110억 명이 될 거야. 여전히 너무나 많은 숫자지. 먹고 마셔야 하는 사람들이 점점 늘어나고 있어. 더 많은 식량, 더 많은 옷, 더 많은 집이 필요해. 게다가 문제를 더 심각하게 만드는 건, 사람들의 수명이 늘어나고, 점점 부유해지고 있다는 거야. 물론 이걸 나쁘다고

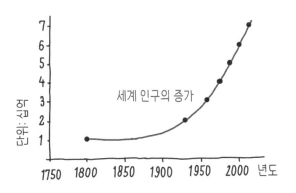

세계 인구의 증가

할 수는 없지. 하지만 호화로운 삶은 에너지를 많이 소비해. 부자들은 가전제품을 많이 쓰고, 휴가를 자주 가고, 자동차를 많이 타고, 언제나 새로운 물건을 사거든.

아마 너도 부자일 거야. 넌 아니라고 생각할지 모르지만, 전 세계의 다른 사람들과 비교해 보면 그럴 확률이 높아. 다행히 그 나머지도 점점 부유해지고 있어. 중국, 브라질, 남아프리카공화국 같은 나라는 30년 전에는 훨씬 가난했거든. 산업 혁명에 조금 늦게 뛰어들었지만, 지금은 어디에나 공장과 사무실이 있어. 일자리는 더 많아지고, 사람들은 더 많은 돈을 벌고, 그래서 더 큰 집, 더 비싼 차, 더

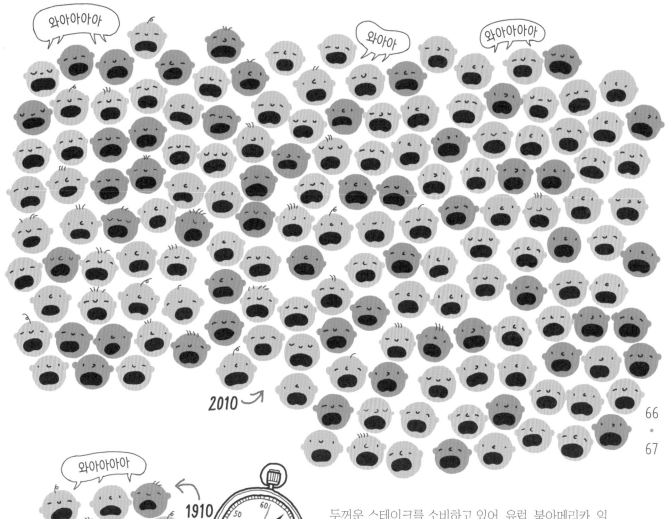

두꺼운 스테이크를 소비하고 있어. 유럽, 북아메리카, 일본에서는 오래전부터 그래왔는데 아프리카, 아시아, 남아메리카 사람들이라고 그러지 말라는 법은 없지.

집, 공장, 사무실이 지어지고, 조명이 켜지고, 에어컨이 돌아가. 모두가 전기를 원해. 자동차는 굴러가야 하고, 비행기는 날아야 하고, 배는 항해해야 해. 그들은 휘발유, 등유, 가스를 소비하지. 사람들은 먹어야 해. 고기, 생선, 곡물, 채소……. 식량 생산에는 많은 에너지가 필요하고, 많은 양의 방귀와 트림을 내뿜어. 그래서 점점 더 많은 온실가스가 굴뚝, 배기관, 소에게서 뿜어져 나오는 거야.

굴뚝이 내뿜는 것

갑자기 온 집안이 캄캄해질 때가 있어. 전등은 모조리 꺼지고, 컴퓨터도 꺼지고, 냉장고 윙윙거리는 소리도 멈췄어. 따뜻했던 방도 점점 식어 가. "언제까지 이럴까?" 넌 궁금하겠지만, 검색해 볼 수도 없어. 와이파이도 당연히 작동하지 않을 테니까. 창밖을 내다봐도 마찬가지야. 가로등, 신호등은 모두 꺼지고, 전차는 멈춰 서 있어. 맞아, 이건 정전이야. 촛불을 켜는 게 낫겠지?

100년 전에는 이런 대규모 정전이 일어날 수 없었어. 가스로 가로등을 밝혔고, 말이 차를 끌었고, 경찰이 교통정리를 했으니까. 장작불로 집 안을 따뜻하게 했고, 기름 램프로 실내를 밝혔어. 정전은 직접 경험해 보지 않으면 그 느낌을 알기 어려워. 우리는 버튼을 누르고, 스위치를 올리고, 플러그를 꽂는 데 익숙해. 그런데 그거 아니? 네가 쓰는 장치들이 여전히 증기 기관으로부터 에너지를 얻는다는 사실 말이야.

너희 집 벽에는 콘센트가 있을 거야. 그 콘센트에 전기를 공급하는 건 발전소지. 발전소는 대부분 증기 기관을 돌려서 전기를 만들어. 그 증기 기관을 돌리기 위해 발전소가 사용하는 연료는 뭘까? 여러 가지가 있지만, 그중 가장 높은 비율을 차지하는 게 바로 석탄이야. 가루 낸 석탄을 거대한 물 보일러 아래에 넣고 태워. 여기서 나오는 가스는 필터에 걸러진 다음 굴뚝으로 빠져나가. 필터는 많은 것들을 걸러내지만, CO_2는 그대로 공기 중으로 날아가지.

보일러 안에서는 증기가 만들어져. 증기는 물보다 더 많은 공간이 필요해서 가능한 한 빨리 그곳에서 빠져나가

고 싶어 해. 그 힘으로 증기가 터빈을 돌리는 거야. 터빈은 조금 복잡한 풍차라고 생각하면 돼. 여기까지는 증기 기관이랑 별로 다르지 않아. 열에너지를 운동 에너지로 전환하는 거니까. 이제 그 운동 에너지를 전기 에너지로 만들면 돼. 이 역할을 하는 게 바로 발전기야.

자가발전 손전등이나 자전거를 본 적 있니? 그게 바로 운동 에너지를 전기 에너지로 바꾸는 장치야. 발전소에서 만들어진 전기는 다양한 단계를 거쳐서 너희 집 콘센트까지 가. 플러그를 꽂으면 전선을 통해 전기가 흐르고, 그럼 넌 휴대 전화를 충전할 수 있게 되는 거야.

전 세계에는 이런 발전소가 수만 개나 있어. 조금씩 다르긴 하지만 대부분 조금 복잡한 형태의 증기 기관이라고 보면 돼. 차이점이라면 물을 가열하는 방식이지. 일부 발전소는 화석 연료 없이 물을 데우기도 해. 원자력 에너지나 지열 에너지로도 동력을 공급받을 수 있으니까. 하지만 아직 대부분은 석탄 가스, 석유를 태워.

이 과정에서, 3억 년 전 늪에서 죽은 고사리, 나무, 잠자리에서 온 탄소 덩어리가 공기 중으로 방출돼. 다른 가스와 함께 CO_2가 굴뚝으로 빠져나가는 거지.

배기관에서 나오는 것

비행기 엔진 냄새가 어떤지 혹시 아니? 비행기에서 내릴 때, 특히 계단을 통해 내려올 때 그 냄새를 맡을 수 있어. 그건 크루즈나 주유소에서 나는 냄새랑은 달라. 비행기는 등유로 움직이고, 배는 중유로 움직이고, 자동차는 휘발유나 경유로 움직이거든. 이 모든 연료는 석유에서 나오는데, 이걸 추출하는 게 쉬운 일이 아니야.

땅에서 갓 퍼낸 석유는 끈적끈적하고 시커먼 덩어리야. 굴착기에서 폭발이 일어나거나, 유조선에서 기름이 유출되거나 하는 석유 관련 사건들을 보도하는 사진에서 본 적이 있을 거야. 수백만 리터의 걸쭉한 기름이 바다에 둥둥 떠 있어. 펠리컨이 온통 검은 기름을 뒤집어쓴 채 애처롭게 고개를 내밀고 있는 장면, 끈끈한 기름 속에 묻혀 있던 게가 겨우 밖으로 기어 나오는 장면, 바다거북의 몸을 닦기 위해 애쓰는 자원봉사자들⋯⋯.

굴착기가 퍼낸 석유는 배를 타고 이동하거나 송유관을 타고 정유소로 이동해. 이 상태의 석유를 '원유'라고 해. 아직은 걸쭉한 혼합물이어서 그리 쓸모 있는 상태는 아니야. 정유소에서는 원유에 열을 가해서 각각 다른 물질로 분리해. 바닷물에서 소금을 분리하는 것과 비슷한 방식이야. 짠 물을 냄비에 넣고 계속 끓여 봐. 수증기가 피어오르지? 거기 숟가락을 갖다 대면 물방울이 맺힐 거야. 맛을 한번 볼래? 짠맛이 전혀 없을걸? 냄비에 있던 수분이 다 날아가고 나면, 바닥에는 하얀 소금 결정이 남게 될 거야. 물론 기름을 정유하는 과정은 훨씬 복잡해. 파이프가 여럿 연결된 아주 커다란 보일러가 있어. 그 안에 원유를 넣고 끓이는 거야. 가장 낮은 파이프에서는 중유와 경유를 뽑아내. 높은 곳에 있는 파이프에서는 등유와 휘발유를 뽑아내. 보일러는 아래쪽이 더 뜨겁거든. 가열을 밑에서 하니까. 그래서 무거운 액체는 밑에 남고, 가벼운 액체가 위로 올라가는 거야.

그럼 이렇게 뽑아낸 연료들은 어떻게 다를까? 휘발유는 엔진에 시동을 빨리 걸고 싶을 때 편리해. 등유 1리터는 휘발유 1리터 보다 더 많은 에너지를 갖고 있어. 중유는 휘발유보다 가연성이 떨어져. 그래서 자동차는 휘발유로, 비행기는 등유로, 배는 중유로 움직여.

엔진에 동력을 공급하기 위해서는 연료가 필요해. 엔진 안에서는 작은 폭발이 끊임없이 일어나. 연료는 공기와 함께 스파크에 의해 점화되고, 이 폭발의 힘은 네가 자전거 페달을 밟을 때와 마찬가지로 피스톤을 밀어내. 그리고 그 힘으로 바퀴나 프로펠러가 움직이는 거야.

이 과정에서, 2억 년 전 바다에서 죽은 조개와 플랑크톤이 만들어 낸 탄소 덩어리가 공기 중으로 방출돼. 다른 가스와 함께 CO_2가 배기관을 빠져나가는 거지.

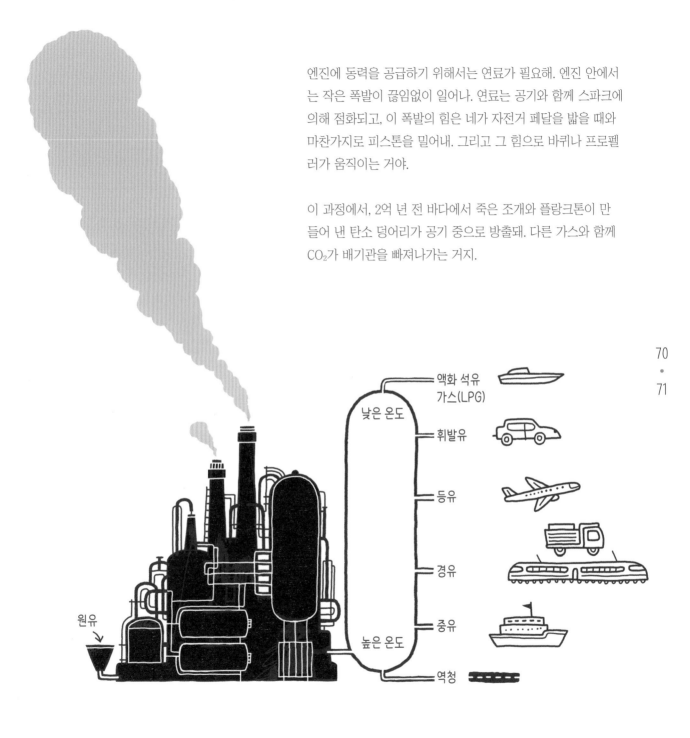

낮은 온도

액화 석유
가스(LPG)

휘발유

등유

경유

중유

높은 온도

역청

원유

꺼억, 소의 트림과 방귀

소가 들판에 서서 되새김질하는 모습을 보면 참 순진해 보여. 벌레 한 마리도 못 죽일 것 같은 착한 얼굴을 하고서, 멍하니 먼 곳을 바라보고 있지. 하지만 소는 자동차만큼이나 기후 변화에 크게 기여하고 있는 동물이야. 소는 CO_2가 아니라 다른 주요 온실가스인 메탄을 방출하거든. 메탄의 온실 효과는 CO_2보다 스물다섯 배나 강력해. 다행히 공기 중에 오래 머물지는 않는대.

천연가스, 늪지, 소의 트림 안에 메탄이 있어. 소의 트림은 방귀보다 더 나빠. 물론 소똥이 썩기 시작하면 거기서도 엄청난 양의 메탄이 방출되지만……. 소는 위가 4개라서 트림을 많이 해. 소는 풀을 먹고, 풀은 소의 위 안에서 소화가 되는데, 이때 각종 박테리아가 소화를 돕는 역할을 해. 풀에는 탄소가 많이 들어 있고, 몇몇 박테리아는 이 풀에서 메탄을 만들지. 소는 트림을 하면서 메탄을 내보내. 당연히 '실례합니다!'라는 말은 하지도 않아.

그렇지만 이건 소의 잘못이 아니야. 박테리아의 잘못도 아니지. 잘못은 사람들한테 있어. 햄버거를 너무 많이 먹고, 우유를 너무 많이 마시니까. 그게 아니라면 소가 이렇

게까지 많아지지 않았을 거야. 양이나 염소랑은 비교가 안 돼. 이 친구들도 가스를 꽤 많이 방출하거든. 모든 반추 동물(위가 3~4개 있고, 복잡한 소화 체계를 가지고 있는 동물)은 트림 챔피언들이야. 낙타, 기린, 사슴 같은 동물도 여기에 포함돼. 지구에는 소가 10억 마리나 있어. 그리고 대부분은 사람이 운영하는 농장에서 살아.

트림하는 동물이 메탄 방출의 유일한 범인이냐, 그건 아니야. 메탄을 만드는 박테리아는 논에서도 열심히 일하고 있거든. 대기 중 메탄의 4분의 1이 여기서 나와. 어떤 과학자는 기후 변화가, 8천 년 전 사람들이 벼를 경작하면서 이미 시작되었다고 말하기도 해. 당시에 만들어진 공기 방울 속 메탄의 양이 그걸 증명하고 있어.

범인은 또 있어. 식량을 재배하고, 가축을 기르고, 또 그 가축을 먹이기 위한 식량을 재배하려면 땅이 필요해. 갈수록 더 많은 땅이 필요해지겠지. 왜냐하면 사람들은 점점 부유해지고, 더 많이 먹고 싶어 할 테니까. 이게 바로 열대 산림 지대가 불타는 이유야. 수백만 그루의 나무가 전기톱에 잘려 나가고 있어. 농경지를 만들기 위해서지. 그곳에다 뭘 심을까? 예를 들면 대두 같은 거야. 대두는 콩기름, 간장, 그리고 소의 사료에 사용되는 작물이야. 나무를 베어 내는 것은 이중 문제를 발생시켜. 나무에 들어 있던 탄소는 CO_2가 되어 날아가고, 대기 중 CO_2를 흡수할 나무는 줄어들게 되니까.

5·눈 녹은 물과 무더위

▶ **이 장에서 우리가 읽을 내용은……**

- 다시 한번 기후가 무엇인지

- 과학자들이 두꺼운 보고서를 쓰는 이유

- 북극이 남극보다 더 빨리 녹는 이유

- 오대호가 시소의 반대편에 있는 이유

- 플라스틱 오리가 해양 과학에 도움을 준 방법

- 열흘마다 잠수하는 로봇이 누구인지

- 우박에 주의를 기울여야 하는 이유

- 냉장고가 녹으면 어떻게 되는지

- 티핑 포인트와 시한폭탄에 대해

■ **짧게 말해서: 기후 변화에 관한 연구들**

기후와 날씨

호주 남부에는 버려진 농장으로 가득한 지역이 있어. 지금 남은 것은 무너져가는 벽뿐이지. 농장이 지어진 건 1856년쯤이었어. 하지만 사람들은 그곳에서 오래 살지 않았어. 호주에 온 지 얼마 안 된 농부들은 그곳 땅에 대해 잘 몰랐어. '내륙 지역은 너무 건조하고, 해안 지역에는 비가 많이 내린다.' 아는 것이라곤 이 정도뿐이었지. 그래서 그들은 토지 측량사를 불러 농업에 알맞은 지역을 조사했어. 그의 이름은 조지 고이더^{Gorge Goyder}야. 조사를 시작한 고이더는 얼마 뒤, 지도에 선을 하나 그었어. 그리고 선의 북쪽은 농사를 짓기에는 너무 건조하지만, 남쪽은 안전할 것 같다고 말했어.

고이더는 언제 비가 내릴지에 대해서는 거의 말하지 않았어. 선의 북쪽을 포함해서 말이야. 고집 센 농부들은 고이더가 엉터리라고 생각했어. 그래서 그들은 내륙 지역에다 농장을 지었지. 고이더가 농사를 짓기에는 너무 건조하다고 했던 땅에다가 말이야. 그해 수확은 좋았어. 하지만 몇 년이 지나자 농부들은 고이더의 말이 옳았다는 걸 깨달았어. 그들은 하나둘씩 농장을 떠나 남쪽으로 내려갔어. 그곳에는 매년 충분한 비가 내렸고, 농사는 성공적이었어.

농부들이 어리석은 실수를 한 건, 날씨와 기후를 혼동했기 때문이야. 어느 날 비가 오거나 눈이 온다고 해서, 그곳에 항상 비가 오거나 눈이 내리라는 법은 없잖아. 날씨는 시시각각 변하지만, 기후는 그렇지 않거든. 날씨는 특정 순간의 기온과 강수량을 말하는 거지만, 기후는 적어도 30년 동안의 평균 날씨를 말하는 거야. 사람이랑 똑같아. 낙천적인 성격을 타고난 사람이라도 기분 나쁜 날이 있잖아. 기후는 네 성격이랑 같다고 보면 되고, 날씨는 네 기분이랑 같다고 보면 돼.

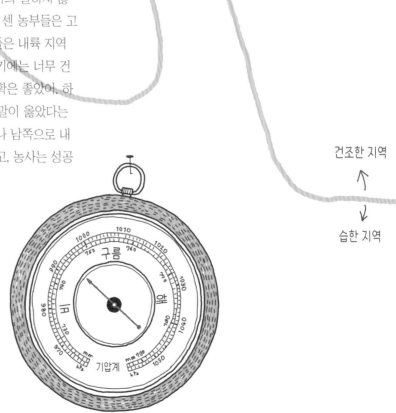

건조한 지역

↑
↓

습한 지역

평균 기온 1도 상승

'기록상 가장 더운 해', '가장 건조한 11월', '가장 긴 무더위' 최근 날씨에 관련된 기록들이 하나씩 깨지고 있어. 물론 그것 자체로는 기후에 대해 말해 줄 수 있는 게 없어. 이상할 정도로 따뜻한 겨울이나, 예상치 못한 우박 같은 건 기후 변화가 아니더라도 발생할 수 있으니까. 하지만 이런 일들이 자주 일어난다면, 뭔가가 있는 건 아닐까 의심해 볼 만하지.

주사위를 예로 들어 볼까? 주사위를 세 번 던졌는데 연속으로 6이 나왔어. 물론 그럴 수 있지. 불가능한 일은 아니니까. 그런데 던질 때마다 6이 나온다면 의심이 들지 않겠어? 무게 중심을 살짝 옮겨 놓은 주사위가 있다는 얘기를 들었어. 같은 숫자가 계속 나온다고 해서, 그 사람이 우리를 속이고 있다고 말할 수는 없어. 하지만 이상할 정도로 같은 숫자가 많이 나온다면 우리는 그 사람을 의심하게 될 거야. 뭔가 부정행위를 하고 있는 건 아닐까 하고 말이야. 날씨도 마찬가지야. 모든 기상 이변이 반드시 기후의 잘못은 아닐 거야. 그렇지만 연속으로 너무 많은 기상 이변이 일어난다면, 분명 뭔가가 진행되고 있다는 거 아니겠어?

지금 전 세계의 평균 기온은 산업화 이전인 1850년에 비해 1도 정도 높아. 너는 별 차이가 없다고 생각할지도 몰라. 하지만 하키 스틱을 떠올려 봐. 지난 천 년 동안 지구의 평균 기온은 13.5도에 머물렀어. 0.1도 정도 오르락내리락했던 적은 있지만 거의 변동이 없었다고 보면 돼. 나이테 혹은 얼음 막대 안에 있던 공기 방울을 확인해 봐도, 지구의 평균 기온은 만 년이 넘는 기간 동안 13.5도를 유지했어. 그런데 2백 년이 안 되는 기간에 1도가 올랐다는 건 정말 터무니없이 높은 수치야. 게다가 최근에는 그 증가 속도가 더 빨라지고 있지. 이렇게 가다가는 겨우 50년 만에 1도가 더 오르는 상황이 벌어질지도 몰라.

기후 변화에 관한 정부 간 협의체 IPCC(Intergovernmental Panel on Climate Change)라는 단체가 있어. 전 세계 수천 명의 과학자가 모여 기후 변화를 연구하는 거지. IPCC는 5~6년에 한 번씩 두꺼운 보고서를 발행해. 과학자들이 모든 것에 서로 동의하는 것은 아니겠지만, 그들은 함께 보고서를 작성해야 해. 그러니까 보고서는 그들의 의견을 종합한 거라고 보면 돼. 많은 국가에서 '확실히' 폭염이 올 것이라고 말해. 몇몇 국가에서는 '어쩌면' 폭염이 올 것이라고 말해. 그러면 결론은 뭐겠어? '폭염이 올 가능성이 매우 크다'는 것이겠지.

지난 IPCC의 보고서는 5,000쪽에 달했어. 보고서에 따르면, 21세기 말에는 지구의 평균 온도가 1850년보다 1.5도 높아질 거라고 해. 지금 당장 모든 굴뚝, 배기관, 소의 입을 막아버린다고 해도 말이야. 우리가 아무것도 하지 않고 석탄을 계속 태우고, 나무를 베어 낸다면 그 숫자는 4도가 될 거야. 어쩌면 이 숫자를 최대한 낮추려고 노력할 수도 있겠지. 화력 발전소를 폐쇄하고, 풍력 터빈을 건설하고, 햄버거를 덜 먹으면서 말이야. 이렇게 하면 온도 증가를 2도 정도로 낮출 수 있을지도 몰라.
2세기 반 동안 13.5도에서 17.5도로 기온이 올라간다면,

하키 스틱은 정말 빠르게 자라날 거야. 기후 변화는 원래 자연스러운 것이지만, 이렇게 빠르게 변했던 적은 한 번도 없었어. 그러니까 4도 증가의 결과는 아무도 예측할 수 없지. 게다가 4도라는 것은 평균 기온에 불과해. 어떤 지역은 그것보다 훨씬 더 더워질 거야.

아직 2100년은 오지 않았어. 그러니까 우리는 1.5도와 4도 사이 그 어딘가를 향해 가고 있는 거야. 변화는 이미 시작되었어. 빙하가 녹고, 해수면이 상승하고, 날씨는 이상해지고 있지.

5,000쪽? 나무 반 그루 분량이군!

맞아!

아니야!

재앙이야.

괜찮을 거야.

기후 변화 IPCC

수천 명의 과학자가 씀

녹아내리는 극지방

그린란드에서는 기후 변화 소리를 들을 수 있어. 똑, 똑, 똑, 얼음이 녹아서 떨어지는 소리야. 거기서 조금만 지나면 물 떨어지는 소리가 더는 들리지 않을 거야. 대신 얼음 녹은 물이 흘러가는 힘찬 강물 소리가 들리겠지. 강물은 푸른 물길을 뚫으며 세차게 흘러가. 바다에 가까워지면 얼음판이 깨지고 갈라지는 소리가 들릴 거야. 그들은 빙하에서 떨어져 나와, 조용히 바다 위를 떠다니다가 천천히 녹아서 사라질 거야.

빙하는 어디에 생길까? 일단 눈이 오는 곳에 생기겠지. 그리고 여름에도 그 눈이 녹지 않을 정도로 추워야 해. 그런 곳에 가면 빙하를 쉽게 찾을 수 있어. 가장 대표적인 곳은 남극과 북극 주변이야. 물론 다른 곳에도 빙하는 많아. 주로 산꼭대기에 있지. 높이 올라갈수록 기온이 떨어지니까. 어쩌면 넌 빙하 위에서 스키를 타 본 적이 있을지도 몰라. 눈 덮인 킬리만자로산을 배경으로 찍은 아프리카 기린이나 코끼리 사진을 본 적이 있을지도 모르고. 그러니까 적도처럼 더운 곳에서도 빙하를 볼 수 있다는 말이야. 하지만 얼마나 더 오래 볼 수 있을까? 전 세계적으로 빙하가 줄어들고 있어. 스위스, 아르헨티나, 탄자니아, 네팔…… 빙하가 녹아 없어지면 아주 심각한 일이 벌어질 거야. 수십억 사람들이 이 빙하 녹은 물을 먹고 살거든.

세계에서 가장 큰 얼음덩어리는 남극과 그린란드에 있어. 그 얼음덩어리는 수백만 년 전, 빙하기가 시작될 때부터 그곳에 있었어. 어떤 지역은 얼음 두께가 3킬로미터나

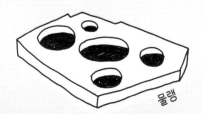

물랭

크라이요코나이트

된다고 해. 커다란 산맥 전체가 그 아래 묻혀 있지. 해마다 얼음층이 조금씩 얇아지고 있어. 겨울에 쌓이는 얼음보다, 여름에 녹는 얼음이 더 많으니까. 이건 물론 기온이 올라가기 때문이지. 하지만 얼음 녹는 과정을 가속하는 범인은 또 있어. 그 주인공은 이름도 이상한 '물랭Moulins'과 '크라이요코나이트Cryoconite'야.

물랭은 풍차를 뜻하는 프랑스어야. 빙하에는 가끔 둥그런 수직 동굴이 생겨나기도 해. 한번 구멍이 생기면 그 구멍으로 물이 소용돌이치면서 흘러가게 되고, 그러면 얼음은 더 빨리 녹으면서 구멍이 더욱 깊어지지. 이런 수직 동굴을 물랭이라고 하는데, 물랭이 많아지면 빙하 아래에 물이 많이 흘러들게 되고, 그러면 빙하가 여러 조각으로 쪼개지기 쉬워져. 크라이요코나이트는 빙하 사진에서 종종 볼 수 있는 거무튀튀한 먼지층이야. 하얗고 아름다운 빙하를 지저분하게 만드는 녀석들이지. 사막 먼지, 화산재, 공장이나 자동차에서 나온 그을음 같은 것들이 바람을 타고 극지방으로 옮겨져서 크라이요코나이트를 형성하는데, 검은색은 흰색보다 열을 더 많이 흡수하잖아. 그러니까 크라이요코나이트가 덮인 부분의 얼음이 더 빨리 녹는 거야. 물랭이나 크라이요코나이트는 얼음 녹는 속도를 높이는 가속 페달 역할을 하고 있어.

북극에서 가장 넓은 빙하 지역은 그린란드야. 물론 북극해 주변의 다른 나라들에도 빙하로 덮인 지역이 있지. 북극해는 거의 1년 내내 얼어 있어서, 마치 커다란 대륙처럼 보이기도 해. 너도 외로운 북극곰 사진을 어디선가 본 적이 있을 거야. 북극곰 뒤에 배경으로 보이는 눈덩이가

바로 북극해를 덮고 있는 해빙이야. 원래 북극해에서는 여름이 되면 얼음이 일부 녹았다가, 겨울이 되면 다시 생겨나곤 하거든. 그런데 여름과 겨울이 따뜻해지면서 녹는 얼음은 더 많아지고, 다시 생겨나는 얼음은 점점 줄어들고 있어. 일부 과학자들이 말하길, 몇 년이 지나면 북극해에서 얼음이 없는 여름을 맞을 수도 있을 거래.

북극 지역은 운이 없는 편이야. 지구상의 그 어떤 곳보다 빠르게 데워지고 있으니까. 수 세기 동안 북극해의 해빙은 열에 대한 보호막 역할을 했어. 하얀 얼음이 햇빛을 반사해 주었으니까. 얼음이 사라지면서 어두운 바다가 더 많은 열을 흡수하게 되었어. 얼음 아래 바다에 저장되어 있던 열도 방출되고 있어.

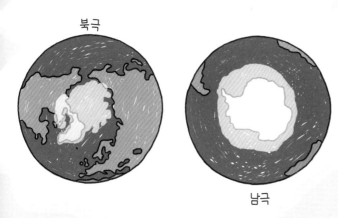

북극

남극

남극 지역은 거의 모든 면에서 북극과 반대야. 이쪽이 여름이면 저쪽은 겨울이니까. 남극에는 북극곰이 없고, 북극에는 펭귄이 없어. 남극은 바다로 둘러싸인 육지고, 북극은 육지로 둘러싸인 바다지. 남극 대륙을 그대로 들어서 북극해에 갖다 놓으면 거의 딱 들어맞을 거야. 육지에

서는 얼음이 훨씬 더 두껍게 형성될 수 있어. 그래서 남극에는 북극보다 10배나 더 많은 얼음이 있어. 그리고 이두 극지방에 지구 전체 얼음의 99%가 몰려 있어.

남극은 북극보다 훨씬 추워. 아까도 말했듯이 남극은 거대한 땅덩어리이기 때문이야. 추위를 조금이나마 달래줄 바다가 훨씬 적으니까. 그리고 남극은 지대가 꽤 높아. 산에 가 본 적이 있다면 너도 알 거야. 높이 올라갈수록 추워지잖아. 남극 대륙은 두꺼운 얼음층이 높게 쌓여 있어서 전체적으로 고지대가 되고, 그래서 더 추운 거야. 남극의 여름은 북극의 겨울과 비슷해. 평균 영하 25도 정도지. 그런데 겨울에는 영하 60도까지 내려갈 때도 있어. 그러니까 남극의 얼음을 녹이려면 훨씬 더 많은 열이 필요해. 물론 지금도 남극의 가장자리에서는 얼음이 부서져 내리고 있어. 그러면서 뒤에 있던 빙하가 바다 쪽으로 밀려나고 있지. 이 빙하가 녹으면 해수면이 상승해. 왜냐하면 그건 육지에 있던 빙하니까.

다시 말하자면 땅 위에 있던 얼음이 녹으면 해수면이 상승해. 바다에 물이 더 많아지는 거니까. 그렇지만 바다 위에 있던 얼음, 즉 해빙은 녹더라도 해수면에는 아무런 영향을 주지 않아. 왜냐하면 그건 이미 바다 위에 있던 거잖아. 그게 녹으면 어떻게 되는지 직접 한번 볼래?

이상한 물

유리컵에다 물을 따르고, 얼음 조각을 몇 개 넣어. 그리고 물이 얼마나 높이 있는지 표시를 해. 아마 얼음 조각은 네가 그어놓은 선 위로 조금 튀어나와 있을 거야. 얼음이 녹으면 수위가 높아질까? 낮아질까? 아니면 똑같이 유지될까? 실험 결과가 나오려면 시간이 좀 걸릴 테니까, 그 사이에 넌 책을 읽으면 되겠다.

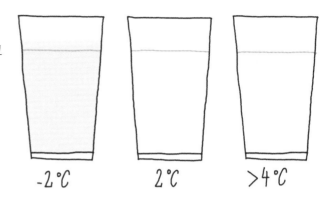

얼음 조각은 빙산과 같아. 빙산도 물에 떠 있지. 수면 위로 올라온 부분은 아주 작고, 대부분 수면 아래에 있어. 얼음은 물보다 더 많은 공간을 차지해. 왜냐하면 물이 얼면 물 입자 사이에 공간이 더 많이 생기거든. 그래서 부피가 늘어나는 거고, 물 위에 떠 있을 수 있는 거야. 수면 위로 올라오는 얼음의 양은 물이 얼었을 때 필요한 여분의 공간이랑 정확히 일치해. 얼음이 녹으면 그 여분의 공간이 필요하지 않기 때문에 수위는 똑같이 유지돼. 못 믿겠어? 그럼 네 유리컵을 확인해 봐.

이 실험을 반대로 해 볼 수도 있어. 튼튼한 플라스틱 컵에 물을 가득 채워. 그리고 냉동실에 넣고 완전히 얼 때까지 기다렸다가 꺼내 봐. 어때? 얼음이 컵 위로 올라와 있지? 물은 한 방울도 더 넣지 않았지만, 부피가 늘어났어. 공간이 부족해진 거지. 얼음이 녹으면 다시 컵 크기에 맞게 돌아갈 거야. 이제 알겠어? 그러니까 해빙, 즉 바다 위 얼음이 녹더라도 해수면에는 변함이 없어.

이게 물의 독특한 특징이야. 다른 물질은 액체에서 고체로 바뀔 때 부피가 줄어들고 무거워지거든. 그런데 물은 팽창하고 가벼워져. 정말 이상하지? 그런데 이상한 게 또 있어. 물은 얼어도 팽창하지만, 온도가 4도 이상이 되었을 때도 팽창해. 모든 물이 다 그래. 그러니까 바닷물도 그렇겠지. 해수면은 땅 위에 있던 얼음이 녹아도 상승하지만, 물이 따뜻해져도 상승할 수 있다는 말이야. 4도 이상 따뜻한 물은 공간을 더 많이 차지하기 때문이야.

해수면이 얼마나 올라갈지는 예측하기 어려워. 언젠가는 그린란드의 만년설이 녹는 것을 더는 막을 수 없는 시점이 올지도 몰라. 이런 일이 벌어지면 그린란드의 빙하 전체가 바다로 흘러갈 테고, 그러면 전 세계 해수면이 7미터 정도 올라갈 거래. 물론, 이건 네가 경험하게 될 일은 아니야. 네가 불로초를 먹지 않는 한 말이야. IPCC가 2014년에 발표한 보고서에서는, 이번 세기에 해수면이 최대 1미터 정도 상승할 거라고 했어. 하지만 이후에 발표된 다른 보고서에서는 그 두 배가 될 수도 있다는 예측이 나왔어. 이건 엄청난 차이야. 네가 어디에 사는지에 따라 심각한 문제가 될 수도 있어.

왜냐하면 바다의 표면은 일정하지 않거든. 해류와 중력의 차이 때문에 실제로 해수면은 구불구불한 모양이야. 지구가 달을 끌어당기고, 태양이 지구를 끌어당기는 것처럼, 큰 땅덩어리가 물을 끌어당겨. 그린란드와 남극의 만년설도 질량이 꽤 커서 물을 끌어당기고 있어. 그런데 이 만년설이 녹으면 질량이 줄어들 테고, 그러면 많은 물이 다른 지역으로 이동하게 될 거야. 땅을 짓누르고 있던 얼음층이 가벼워지면서 이 지역 땅도 전체적으로 약간 올라갈 거야. 그린란드와 남극 대륙 자체는 해수면 상승으로 인한 고통을 겪지 않을 거라는 말이지.

올라가는 땅이 있다면, 내려가는 땅도 있어. 시소랑 비슷하다고 보면 돼. 예를 들어 볼까? 빙하기 동안 영국 북부는 얼음으로 뒤덮여 있었어. 그 얼음이 다 사라지면서 스코틀랜드는 살짝 높아졌어. 그 바람의 영국 남부는 조금 내려가게 되었지. 캐나다 북부를 덮고 있던 얼음이 사라지면서, 그쪽 지역도 약간 올라가게 되었어. 그리고 그 영향으로 미국 동부 해안과 오대호는 낮아지게 됐어.

장난감 오리와 해류

길을 잃었어요.

그들은 미국식 욕조에서 작은 모험을 하기 위해 바다를 건너고 있었어. 중국을 떠나 미국으로 가는 길에 그들은 큰 폭풍우를 만났고, 그들이 들어 있던 컨테이너는 파도에 휩쓸려 문이 벌컥 열려 버렸어. 컨테이너 안에는 29,000개의 목욕용 플라스틱 장난감이 들어 있었지. 노란 오리, 조록 개구리, 붉은 비버, 푸른 거북이…… 그들은 갈 곳을 잃은 채 태평양 한가운데를 둥둥 떠다녔어. 십 개월이 지난 뒤, 알래스카 해변에서 열 마리의 장난감 동물이 발견되었어. 색은 많이 바랬지만, 어쨌거나 살아남은 친구들이었지.

이걸 본 해양학자 커티스 에베스마이어Curtis Ebbesmeyer는 번득이는 아이디어가 떠올랐어. '이 장난감을 이용하면 해류에 관해 많은 걸 알아낼 수 있겠구나.' 그는 계산을 시작했어. 아직 수천 개의 장난감이 바다에 떠 있을 때였지. 그는 장난감이 어디에 나타날지 위치를 예측해 보았어. '장난감 무리는 베링 해협을 지나 북쪽으로 올라가다가 유빙에 걸릴 것이다. 유빙은 아주 천천히 동쪽으로 이동할 것이고, 그럼 대략 5년 안에 그린란드 근처에 있는 따뜻한 물을 만날 것이다.' 커티스 에베스마이어는 목욕 장난감을 발견한 사람에게 보상금을 지급하겠다고 했어. 결국 그의 계산이 옳았다는 게 증명되었어. 오리, 개구리, 비버, 거북이 장난감은 캐나다, 아이슬란드, 그리고 나중에는 아일랜드와 잉글랜드에서도 발견되었어. 한국, 하와이, 호주를 향해 떠내려간 장난감도 있었어. 여전히 수천 개의 장난감이 바다를 떠돌고 있을 거야. 혹시 네가 그중 하나를 발견한다면 아래 메일 주소로 연락해 줘. CurtisEbbesmeyer@comcast.net

고무 오리와 그의 친구들이 그렇게 멀리까지 갈 수 있던 건 해류 덕분이야. 해류는 왜 생기는 걸까? 일단 수면에서는 바람이 해류를 만들어. 그렇지만 더 깊은 물속에서는 염분의 농도와 온도의 차이가 해류를 만들지. 따뜻한 물은 차가운 물보다 가벼워. 그리고 민물은 바닷물보다 가벼워. 그래서 물이 차갑거나 짜면 아래로 가라앉고, 물이 따뜻하거나 싱거우면 위로 올라가. 이런 차이 때문에 바닷물의 움직임이 일어나고, 그것이 모여서 해류를 형성하는 거야. 바다가 그냥 한 덩어리의 물처럼 보여도, 그 안에는 너무나 역동적인 움직임이 있어. 물속에서 물이 폭포처럼 쏟아지고, 에스컬레이터처럼 올라갔다가, 롤러코스터처럼 질주해. 물이 빠져나가고 난 자리에는 다른 물이 들어와 그 자리를 채우고, 새로운 물이 들이닥치면 있던 물이 도망가듯 떠밀려 나가기도 해. 해류는 모든 것이 서로 얽히고설킨 복잡한 시스템이야.

온도 변화는 해류에도 영향을 미쳐. 남아메리카와 인도네시아 사이에 발생하는 엘니뇨 현상을 예로 들어 볼까? 평상시에 페루에서는 동풍이 불어. 이 동풍은 따뜻한 바닷물을 페루에서 인도네시아 쪽으로 밀어내는 역할을 해. 그러면 페루 연안에는 심해의 차가운 물이 위로 올라와. 이 차가운 물이 건조한 날씨를 유지하게 해 줘. 따뜻한 물 위에서는 소나기가 발달하기 쉬우니까. 그런데 동풍이 불지 않는다면 어떻게 될까? 이렇게 되면 건조한 날씨를 보이는 것은 페루가 아니라 호주와 인도네시아가 될 거야. 수많은 농장이 가뭄으로 말라가고, 산불이 자주 발생하겠지. 반면에 남아메리카 해안은 점점 따뜻해지고 습해질 거야. 갑작스러운 비로 이류나 산사태가 일어나겠지. 엘니뇨의 영향은 다른 곳에서도 느낄 수 있어. 가뭄이

| 인도네시아 | 따뜻한 물 | 차가운 물 | 남아메리카 |

| 인도네시아 | 따뜻한 물 | 차가운 물 | 남아메리카 |

엘니뇨 현상

남아프리카를 덮치고, 기근을 초래할 거야. 엘니뇨로 인한 이상 기후가 정상으로 돌아오기까지 평균 6개월이 걸린다고 해.

해류가 바뀌면 날씨에 커다란 영향을 미쳐. 기후 변화로 유럽이 추워질 가능성이 아주 크다고 해. 넌 지금 이런 생각을 하겠지. 뭐? 지구 온난화 때문에 더 추워진다고? 그건 바로 멕시코 만류 때문이야. 지금은 암스테르담과 런던의 겨울이 뉴욕과 토론토의 겨울보다 더 따뜻해. 암스테르담과 런던이 훨씬 더 북쪽에 있는데도 말이야. 이건 해류가 멕시코만의 따뜻한 물을 북유럽까지 운반하기 때문이야. 그렇게 올라간 물은 그린란드 근처에 가서 식게 돼. 차가워진 물은 다시 바다로 가라앉고, 그렇게 가라앉은 물은 아메리카 해안을 따라 남쪽으로 다시 내려와. 마치 해저 강물처럼 말이야.

그런데 최근 몇 년 동안 멕시코 만류가 조금씩 약해지고 있어. 그린란드에서 얼음이 너무 많이 녹고 있기 때문이야. 얼음 녹은 물이 멕시코 만류를 방해하는 거지. 민물은 바닷물보다 가벼우니까 위로 뜨잖아. 그래서 바닷물을 막는 역할을 하게 되는 거야. 따뜻한 물이 북유럽에 도달할 수 없다면, 북유럽의 기온은 10도 정도 낮아질 거야. 물론 이런 현상이 일어난 게 처음은 아니야. 멕시코 만류가 이런 식으로 방해받은 적은 여러 번 있었어. 만 년 전, 아메리카 대륙의 빙하 호수가 모두 녹아내렸고, 세계의 절반은 갑작스러운 추위를 맞닥뜨려야만 했어.

산성 바다

지구의 70퍼센트는 물로 덮여 있어. 바로 바다지. 과학자들은 아직 바다에 대해 모르는 것이 많아. 그래서 그들은 4,000대의 로봇을 바다에 뿌렸어. 이 로봇들이 전 세계 바다에 흩어져서 바다에 대한 정보를 모으고 있어. 로봇은 머리에 안테나가 달린 가스 실린더처럼 생겼어. 길이는 2미터 정도 되지. 로봇이 어떻게 일하는지 한번 볼래? 일단 첫날은 1킬로미터 깊이까지 잠수해. 그리고 그곳에서 약 9일 동안 해류를 따라 떠다니면서 물의 온도와 염분 함량을 측정해. 그런 다음 2킬로미터 깊이로 더 들어가. 거기서도 똑같은 방식으로 측정해. 측정이 끝나면 수면 위로 올라가. 안테나를 이용해서 데이터를 위성에 전달해. 그런 다음 또다시 잠수하는 거지.

로봇들 덕분에 우리는 많은 걸 알게 되었어. 최근 몇 년 동안 바다가 정말 많은 CO_2와 열을 흡수했다는 사실도 알게 되었지. 지난 15년 동안 지구는 별로 더워지지 않은 것처럼 보였어. 그런데 그게 모두 바다 덕분이었던

거지. 그동안 바다가 열을 흡수하고 있었으니까. 문제는 바다의 CO_2 흡수율이 점점 줄어들고 있다는 거야. 포화 상태에 이른 것처럼 말이야.

바다에 흡수된 CO_2는 조류와 플랑크톤이 이용하기도 하고, 일부는 물에 녹아들기도 해. 콜라 같은 음료에서 나는 거품 있지? 그걸 탄산이라고 하잖아. 물에 CO_2가 녹아들면 탄산이 만들어져. 이 탄산이 바다를 점점 더 산성으로 만들고 있어. 맛을 볼 수는 없지만, 산성화된 바다는 산호나 조류, 플랑크톤에게는 별로 반가운 존재가 아니야. 그들의 성장을 방해하니까. 그럼 바다에

는 CO_2를 흡수할 생물이 점점 더 줄어들게 되겠지. 이건 최근 로봇의 조사에서 확인한 사실이야.

물이 따뜻해지는 것도 문제야. 물이 따뜻해질수록 CO_2를 흡수하는 게 어려워지거든. 이건 네가 실험해 보면 쉽게 알 수 있어. 탄산음료 두 병을 준비해 봐. 한 병은 냉장고에 넣고, 다른 한 병은 따뜻한 곳에 둬. 냉장고에 넣은 음료가 적당히 시원해졌다면, 두 병을 모두 따 봐. 어느 쪽 병에서 거품이 더 많이 일어나니? 아마 따뜻한 곳에 두었던 병일 거야. 게다가 따뜻한 음료는 탄산이 빠지는 속도도 빨라. 직접 마셔보면 알 거야. 시원한 음료는 오랫동안 톡 쏘는 맛이 남아 있는데, 따뜻한 음료는 벌써 밍밍해졌을걸? 거품은 음료에 들어 있던 CO_2에서 온 거야. 따뜻한 액체는 시원한 액체보다 CO_2를 많이 품을 수 없어. 바다

도 마찬가지야. 그래서 따뜻한 바다에서 CO_2가 쉽게 대기 중으로 날아가 버리는 거야.

정리하자면, 바다는 CO_2와 열을 흡수해서 지구의 온난화를 늦춰 줘. 하지만 따뜻하고 산성화된 바다에서는 CO_2가 들어갈 공간이 점점 줄어들어. 바다가 더는 CO_2를 받아들일 수 없는 시점이 오면, 더 많은 CO_2가 공기 중에 남을 거고, 그러면 지구의 온도는 더 빠르게 올라가겠지.

폭풍우 치는 날

"다음 세기에 대한 기상 예보를 말씀드리겠습니다. 기온은 1도에서 4도 정도 오를 예정이며, 건조한 지역은 더 건조해지고, 습한 지역은 더 습해지겠습니다. 태풍 시즌은 더 길어지고, 태풍의 규모도 훨씬 커지겠습니다. 또한 예상치 못한 경로로 이동하는 일도 잦아지겠습니다. 남극 내륙을 제외한 모든 대륙에서 폭염의 가능성이 커지고, 무더위가 지속되는 기간도 길어지겠습니다. 심한 가뭄과 장마 기간이 늘어날 전망입니다. 더욱 강력한 돌풍이 불고, 폭풍우가 휘몰아치고, 우박이 내리겠습니다."

일기 예보가 늘 정확하지는 않아. 언제나 예측 불가능한 일이 생기니까. 기후를 예측하는 것은 훨씬 더 까다로워. 그래서 기후를 예측하기 위해서 수천 대의 컴퓨터를 돌리는 거야. 건조한 지역이 더 건조해지고, 습한 지역이 더 습해질 거라는 예측 있잖아. 이건 온도가 높아져서 발생하는 거야. 이미 건조한 지역에서는 남아 있던 몇 방울의 물마저 증발해 버리겠지. 그러고 나면 더 건조해지는 건 피할 수 없는 일이야. 습한 지역에서는 더 많은 물이 증발해. 그러면 공기 중에 수증기가 많아질 테고, 그렇게 되면 비가 더 많이 내릴 수밖에 없어.

태풍과 허리케인은 우리에게 엄청난 피해를 가져다주기도 하는 열대성 폭풍우야. 기후 변화는 태풍의 규모를 더 키우고, 더 많은 지역에서 발생하게 만들어. 태풍이 발달하려면 27도 이상의 수온이 필요해. 물이 따뜻해질수록 태풍은 더 쉽게 발달하고, 훨씬 강력해져. 그래서 태풍을 볼 수 있는 장소와 시기는 주로 열대 지방의 늦여름이야. 그런데 요즘은 전혀 예상하지 못했던 곳에서 태풍이 발생하고 있어. 바닷물이 점점 따뜻해지고, 해류가 변하면서 2017년에는 태풍 오필리아가 유럽으로 이동했어. 다행히 아일랜드 상륙 직전에 약해지긴 했지만, 최대 시속 150킬로미터의 돌풍을 일으키며 엄청난 폭우를 쏟아 냈어. 오필리아 때문에 최소 5명이 사망하고, 수백만 달러의 피해가 발생했어.

지구 온난화가 더 많은 태풍을 일으킬지에 대해서는 과학자들이 여전히 논쟁 중이야. 하지만 모두가 동의하는 게 있어. '지금 발생하고 있는 태풍이 더욱 강력해질 것이며, 오필리아처럼 이상한 경로로 이동하는 경우가 많아질 것이다.'

차가운 공기

따뜻한 공기

따뜻한 공기에는 수증기가 많이 들어있어서 더 거센 태풍을 만들어 낼 수 있어. 빗줄기도 더 굵어지겠지. 왜 그런 걸까? 물이 증발하려면 열이 필요해. 그러니까 물은 열을 흡수해서 수증기가 되는 거야. 그러다가 수증기가 다시 물로 변할 때는 이 열을 방출해. 이게 바로 구름 안에서 일어나는 일이야. 수증기가 냉각되면 물방울이 되고, 이런 물방울이 모이면 구름이 되는 거지. 구름 안쪽은 물방울이 방출한 열 때문에 따뜻해지고, 주변 공기보다 따뜻해진 구름은 열기구처럼 하늘에 떠 있게 되는 거야. 공기 중에 수증기기 많을수록 구름은 더 따뜻해질 테고, 그러면 더 높이 올라갈 수 있겠지? 열기구도 풍선 내부를 데울수록 더 높이 떠오르잖아. 구름이 높아질수록 주변 온도는 낮아지고, 바람도 거칠어질 거야.

구름 안에서는 입자들이 서로 끊임없이 부딪치게 돼. 따뜻한 공기는 위로 올라가고, 찬 공기는 아래로 가라앉아. 구름이 높을수록 이 과정은 더 빨리 일어나. 일종의 수직 바람이 일어나는데, 물방울은 이러한 기류를 타고 위아래로 이동해. 작은 물방울은 가벼워서 위로 올라가고, 다른 물방울과 충돌하면서 점점 더 커져. 그러다가 떨어질 만큼 무거워지면 비가 되어 내리는 거야. 그러니까 따뜻한 공기는 더 높은 구름을 만들 수 있고, 더 높은 구름은 거센 소나기를 만들 수 있어.

천둥번개를 동반한 폭풍우를 뇌우라고 하는데, 뇌우는 구름 속 물방울이 얼어서 생기는 거야. 구름 속 얼음 결정들이 서로 부딪치면, 모직 스웨터에 풍선을 문지를 때처럼 전기가 발생해. 더 세게 문지르면 전기가 더 많이 발생하겠지. 같은 원리로, 구름 속

얼음 알갱이가 많을수록 더 많은 전기가 일어나고, 그러다가 천둥이 치게 되는 거지.

우박은 구름 속 기류 때문에 발생해. 구름 위쪽과 아래쪽의 온도 차가 커지면 구름 안에 상승 기류가 생기는데, 이렇게 되면 떨어져야 하는 물방울이나 얼음이 떨어지지 못하고 그 안에서 계속 몸집을 불리게 돼. 차가운 물방울이 얼음 결정과 충돌하면서 조금씩 커지고, 무거워져서 내려왔다가 상승 기류를 만나 다시 올라가……. 이 과정을 반복하다가 더는 떠 있을 수 없을 정도로 무거워지면 드디어 땅으로 떨어지는 거지. 엄청난 속도로 말이야. 구름이 높을수록 우박이 생성되는 시간이 길어져. 따뜻한 기후일수록 더 큰 우박이 내릴 수 있다는 뜻이야. 심지어 테니스공만 한 우박도 있다고 해. 어떤 우박은 시속 120킬로미터로 떨어지기도 한대.

기후 증폭기

지구 온난화가 지구를 더 따뜻하게 만들어. 이게 이상하게 들릴지 모르지만, 사실이야. 앞부분에서 내가 했던 얘기 기억하지? 온난화로 얼음이 녹게 되면, 지구에서 하얀 부분이 줄어들게 되고, 지구는 더 많은 열을 흡수하게 되고, 그러면 얼음이 더 녹는다는 사실 말이야. 이런 걸 기후 증폭기라고 해. 기후 증폭기는 온난화 말고도 더 있어.

무더운 여름날, 부모님과 함께 야외 카페에 앉아 있던 적이 있을 거야. 작년? 아니면 재작년? 뭐, 그게 언제인지는 중요하지 않아. 엄마 아빠가 물었어. "뭐 마시고 싶니?" 그러자 너는 대답했어. "시원한 콜라요!" 웨이터는 네가 주문한 콜라를 가져다주었어. 너는 콜라병이 테이블에 놓이자마자 집어 들었어. 아마 병에는 이미 물방울이 맺혀 있었겠지? 그리고 병이 놓였던 자리에는 물이 고였을 거야. 그 물은 어디에서 왔을까? 콜라가 새지는 않았을 텐데 말이야. 사실 그 물은 공기에서 왔어. 우리 주변에는 보이지 않는 수증기가 있거든. 수증기가 차가운 병에 닿으면 금방 식게 되고, 그러면 물방울로 변하는 거야.

찬 공기보다 따뜻한 공기에 수증기가 더 많아. 이런 걸 습도가 높다고 표현하는데, 일반적으로 여름이 겨울보다 습도가 높아. 그래서 여름에 테이블 위 병 자국이 더 자주 남는 거야. 그리고 이게 수증기가 기후 증폭기인 이유야. 수증기는 CO_2나 메탄처럼 열을 가둬 두는 성질이 있어. 날씨가 따뜻해지면 공기 중에 수증기가 많아지고, 공기 중에 수증기가 많아지면 더 많은 열을 잡아 둘 수 있게 돼. 이제 알겠지?

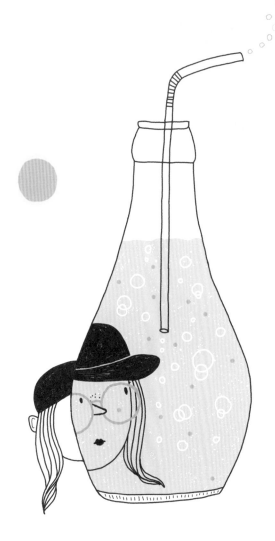

또 다른 기후 증폭기를 보려면 러시아로 가야 해. 그곳에는 거대한 실외 냉장고가 있거든. 두 명의 연구원이 두꺼운 옷을 입고, 시베리아의 얼어붙은 호수 위를 걷고 있어. 이 호수의 얼음에는 신기한 공기 방울들이 있어. 연구원들이 한 공기 방울 앞에 섰어. 한 명은 라이터를 들고 있고, 다른 한 명은 금속 막대를 이용해서 공기 방울을 내리쳤어. 갑자기 훅! 높이가 1미터나 되는 불꽃이 솟아올랐어. 연구원들은 그게 메탄이라는 사실을 알고 있어. 메탄은 박테리아가 죽은 동식물의 잔해를 먹을 때 발생해. 그리고 호수 아래에는 메탄이 엄청나게 묻혀 있어.

그 지역 땅은 적어도 10만 년 동안 얼어 있었어. 사람들은 아주 거친 환경 속에서 살아가고 있지. 극지방의 여름은 아주 짧아. 겨울이 금방 찾아오니까 죽은 동식물이 썩을 시간도 많지 않아. 얼어붙은 동식물의 사체는 이탄과 마찬가지로 산소가 없는 환경에서 오랫동안 썩지 않고 잘 보존돼. 엄청나게 많은 동식물의 사체가 수천 년에 걸쳐서 냉동실에 차곡차곡 보관되었어. 그런데 이 냉장고를 꺼 버리면 어떻게 되겠어? 냉동실에 있던 것들은 녹아서 부패하기 시작할 테고, 박테리아는 이때다 싶어 활동을 시작할 거야. 이게 바로 지금 시베리아에서 일어나는 일이야.

얼어붙었던 땅은 녹고, 녹은 물이 늪과 호수를 만들었어. 땅속에서는 박테리아가 해동된 매머드와 순록을 조금씩 갉아먹어. 너도 알다시피 박테리아는 산소가 있는 곳에서는 CO_2를 만들고, 산소가 없는 곳에서는 메탄을 만들잖아. 땅속에서 생성된 메탄이 위로 빠져나와. 호수에서는 보글보글 거품이 일지. 겨울이 되면 이 공기 방울들은 얼음에 갇혀. 얼음이 녹거나, 아까처럼 누군가 얼음에 구멍을 내면 메탄이 공기 중으로 날아가게 되는 거야.

땅이 녹는 건 시베리아에서만 일어나는 일이 아니야. 지구에는 1년 내내 얼어 있는 땅이 많아. 유럽의 두 배 정도 크기라고 해. 그 땅에는 엄청난 양의 탄소가 묻혀 있어. 현재 살아 있는 모든 식물을 합친 것보다 네 배 이상 많다고 해. 그런데 그 땅의 절반이 녹고 있어. 갑자기 다 녹는 게 아니라 아주 천천히 진행되고 있지. 그렇게 천천히 메탄과 CO_2는 대기 중으로 방출되고. 그것들이 또 지구를 가열하겠지. 그러면 더 많은 얼음이 녹을 테고, 더 많은 메탄과 CO_2가 공기 중으로 날아갈 테고…… 계속 이렇게 이어지는 거야. 그래서 이걸 기후 증폭기라고 하는 거지.

티핑 포인트

어떤 순간은 네 인생을 완전히 바꿔 놓기도 해. 오디션에서 노래를 불렀던 순간, 차에 치일 뻔한 순간, 좋아하는 사람에게 용기 내어 문자를 보냈던 순간, 혹은 보내지 못했던 순간…… 이런 순간을 티핑 포인트라고 해. 지구에도 티핑 포인트가 있어. 그리고 어떤 티핑 포인트는 다른 티핑 포인트에 비해 무척 심각한 결과를 초래하지.

그린란드 빙상의 두께는 수 킬로미터야. 정상 지점 온도는 영상으로 올라간 적이 없지. 그러나 빙하가 녹아내리면서 꼭대기가 점점 낮아지고 있어. 만약 정상부가 서리선 아래로 내려온다면, 빙하가 녹는 걸 멈출 수 없을 거야. 그럼 짜잔! 해수면이 7미터 상승할 거야!

꼴까닥

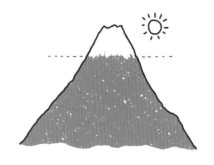

어떤 변화가 있고 그것을 되돌릴 수 없을 때, 우리는 '티핑 포인트를 지났다'라고 표현해. 마지막 도도새가 죽어 간 것처럼 말이야. 기후 변화에서 티핑 포인트는 기후 증폭기를 다시는 멈출 수 없게 된 순간을 말해. 따뜻한 멕시코 만류가 더는 흐르지 않게 되는 순간이 지구의 티핑 포인트일 수도 있지. 그게 정확히 언제인지는 예측하기 어려워. 그렇지만 만약 그런 일이 일어난다면, 그러니까 티핑 포인트를 지난 순간이 온다면 우리는 자책하는 수밖에 없어. 되돌릴 방법은 없을 테니까.

메탄을 티핑 포인트로 생각하는 사람들도 있어. 온난화로 녹고 있는 땅에서 메탄이 계속 방출되고 있으니까. 하지만 이건 서서히 일어나는 일이야. 사람들이 생각하듯이 시한폭탄처럼 터지는 게 아니라는 말이야. 그런데 바다 아래에 진짜로 시한폭탄이 있다고 생각하는 사람들도 있어. 해저에는 엄청난 양의 메탄이 묻혀 있어. 지구상의 모든 천연가스, 석유, 석탄을 합친 것보다 더 많은 에너지가 묻혀 있다고 보면 돼. 그걸 붙잡고 있는 건 낮은 온도야. 그러나 수온이 높아지고, 해저가 따뜻해지면 메탄

메탄

이 녹아서 그곳을 빠져나갈 거야. 그러면 갑작스럽고 긴 폭염이 발생하겠지. 5,500만 년 전 바다가 방귀를 뀌었을 때처럼 말이야.

세계에서 가장 큰 열대 우림인 아마존이 티핑 포인트가 될 수도 있어. 기후 변화는 보통 습한 지역을 더 습하게 만들지만, 아마존은 더 건조해지고 있어. 해양의 온난화는 기류를 변화시키고, 그 결과 육지에 내리는 비가 줄어들었어. 계속되는 산림 벌채도 한몫하고 있어. 나무는 물을 흡수하고 잎을 통해 물을 증발시키는데, 나무가 적으면 이런 증산작용도 줄어들 테니까. 기온은 높아지고, 장마는 짧아져서 숲이 자라날 시간도 줄어들었어. 숲이 사라지면 탄소가 대기 중으로 방출되고, 비도 더 적게 내리게 돼. 과학자들이 컴퓨터 모델을 이용해 예측해 본 바로는, 반세기 만에 아마존 열대 우림이 사막으로 변할 수도 있대. 이제 사람들이 왜 그렇게 티핑 포인트를 두려워하는지 알겠지? 예측하기는 어렵지만, 그 결과는 너무나 엄청나거든. 재난 영화나 판타지 소설 속에서는 이런 장면들이 생생하게 그려져. 불타는 지구, 물에 잠긴 도시, 기후 전쟁…… 우리가 겁을 먹기에 충분한 장면들이지. 그런데 정말 그렇게 될까?

도와주세요!

6 · 좋은 소식과 나쁜 소식

▶ **이 장에서 우리가 읽을 내용은……**

- 북극해 바닥에 깃발이 꽂혀 있는 이유

- 어떤 섬이 꼴깍꼴깍 물에 잠길지

- 스마트폰이 볼리비아 사람들을 목마르게 하는 이유

- 샌디가 뉴욕에서 환영받지 못한 이유

- 브뤼셀이 세계 강우량 기록을 깨지 못하는 이유

- 세계에서 가장 위험한 동물이 네덜란드에서 뭘 하고 있는지

- 폭염일 때 할머니와 할아버지를 챙겨야 하는 이유

- 날씨 전문가가 초콜릿을 구하는 방법

- 물 전쟁에 관한 책이 없는 이유

■ **짧게 말해서: 기후 변화 결과에 대한 결과**

좋은 소식

좋은 소식과 나쁜 소식이 있어. 나쁜 소식은 기후 변화와 관련해서 좋은 소식이 많지 않다는 거야. 그러니까 좋은 소식으로 시작해 보자.

기후 변화는 지구에게 별문제가 아니야. 솔직히 그건 지구에 사는 우리 인간이나 다른 생물들에게 큰 문제지, 지구는 콧방귀도 안 뀔걸? 지구는 그동안 너무나 많은 기후 변화를 겪었잖아. 그러니까 이번에도 살아남을 거야. 이번 기후 위기로 지구에서 인간이 사라지고 나면 어떤 일이 일어날까? 과도하게 많아진 CO_2는 나무가 알아서 처리할 거야. 주변에 나무를 베어 낼 인간도 없으니까 이과정은 순조롭게 진행될 거고, 기후는 곧 회복되겠지. 어쩌면 또 다른 종이 나타나 지구를 지배하게 될지도 몰라.

CO_2가 식물에게는 나쁠 게 없어. 당연히 농업에도 도움이 되겠지. 만세! 식물은 CO_2를 이용해 성장하잖아. 그러니까 CO_2가 많다면 성장에 도움이 될 거야. 농작물을 더 잘 자라게 하려고 CO_2를 이용하는 농부도 있다고 들었어. 이 책에서는 CO_2의 단점만 자꾸 얘기하게 되어서 조금 안타깝기는 해.

좋은 소식이 또 있어. 따뜻해지는 날씨 때문에 기뻐할 사람들도 있다는 거야. 특히 지금 추운 지역에 사는 사람들이 더 그렇겠지. 추운 나라들도 이제 따뜻한 지역으로 바뀌고 있어. 캐나다 사람들은 굳이 먼 곳까지 가서 휴가를 즐길 필요가 없어질 거야. 게다가 겨울에 얼어 죽는 사람도 줄어들겠지. 추운 지역에서는 사람들이 동사하는 일이 종종 벌어지거든.

얼어붙어 있던 드넓은 땅이 해동될 거야. 이것 또한 긍정적인 측면이 있어. 예를 들어, 그린란드에서는 경작지가 늘어나게 될 테니까. 농장은 꿈도 못 꾸었던 지역에서 과일과 채소를 재배할 수 있어. 얼음 아래에 묻혀 있던 귀한 광물도 캐낼 수 있겠지. 어부들은 고등어 같은 물고기가 북쪽으로 올라온 것을 보고 기뻐할 거야.

북극 지역이 녹기만을 손꼽아 기다리는 사람들도 있어. 러시아, 노르웨이, 덴마크, 캐나다, 미국 같은 나라는 그 지역 땅을 조금이라도 더 차지하기 위해 열을 올리고 있지. 2007년에는 러시아 잠수함이 북극해 바닥까지 내려가 그곳에 국기를 꽂기도 했어. 북극의 얼음이 줄어들수

+ 좋은 소식 + 지구에게 기후 변화는 별로 큰 문제가 아니다 + 그린란드의 추가 소득 + 북극의 엄청난 자원

죽은 사람이었지. 이 얼음 미라는 발견된 계곡의 이름인 외츠탈[Ötztal]을 따서, 외치[Ötzi]라고 불리기 시작했어. 미라는 아주 잘 보존되어 있었어. 외치와 함께 묻혀 있던 옷, 무기, 도구들은 석기 시대에 대한 많은 정보를 제공해 주었어. 고고학자들은 얼음 아래에서 외치와 같은 유적이 더 많이 나타나기를 기대하고 있어.

록 그곳을 노리는 사람들이 점점 늘어나고 있어. 북극해의 얼음이 줄어들면 새로운 바닷길이 열리는 거야. 유럽의 선박들이 일본이나 중국으로 가기 위해 멀리 돌아갈 필요가 없어져. 이집트 수에즈 운하를 통과해 가는 것보다, 북극해를 가로질러 가는 게 훨씬 빠르거든. 그러나 그들이 더 관심을 두고 있는 것은 그곳에 묻혀 있을 엄청난 양의 석유와 천연가스야. 그들이 이걸 가만히 놔두기로 한다면 기후에 정말 좋은 소식이 될 텐데 말이야.

아마도 가장 좋은 소식은 기후 변화가 사람들에게 무언가를 가르치고 있다는 거야. 지구를 함부로 대하면 안 된다는 사실 말이야. 사람들은 자기가 먹는 음식과 사용하는 에너지가 어디서 오는 것인지 더 생각하게 되었어. 수입산 사과를 먹지 않겠다거나, 화력 발전소에서 오는 전기를 쓰지 않겠다고 하는 사람들도 늘고 있어. 기업도 마찬가지야. 석탄을 덜 사용하고, 풍력 터빈을 더 많이 사용하기 시작했어. 그 결과 오염을 줄어들고, 화석 연료에 대한 의존도도 줄어들었지. 하지만 아직 축하하기에는 일러. 아직 나쁜 소식을 듣지 못했잖아.

지구의 해빙을 통해 우리의 역사도 조금씩 모습을 드러내고 있어. 녹고 있는 러시아 땅에서 점점 더 많은 매머드가 나오고 있거든. 과학자들에게는 꽤 흥미로운 일일 수 있지. 1991년에는 두 명의 산악인이 알프스산맥에서 정말 오래된 시체 하나를 발견했어. 무려 5,300년 전에

냉동 인간 외치
+/- 3300 CE
+/- 3255 CE

+ CO_2는 식물에 좋다 + 따뜻한 날씨 + 더 많은 매머드와 미라 발견 + 사람들이 생각하기 시작함

사라지는 섬들

혹시 키리바시라는 나라에 대해 들어 본 적 있니? 조금 멀리 있긴 하지만 정말 아름다운 곳이야. 하얀 해변, 푸른 바다, 멋진 아자수…… 전국이 따로 없지. 키리바시는 호주의 동쪽, 그러니까 태평양에 있는 섬나라야. 키리바시의 섬들은 아주 작아서, 세계지도에 다 표시하기도 힘들 정도야.

어쨌거나 네가 만약 키리바시로 여행을 갈 계획을 세웠다면 빨리 가는 게 좋을 거야. 해수면이 키리바시를 집어삼키고 있거든. 물론 키리바시가 하루 아침에 물에 잠기거나 하지는 않을 거야. 바다에 잠기는 건 기껏해야 1년에 몇 밀리미터 정도니까. 하지만 폭풍이 몰아칠 때마다 이 열대의 천국은 쑥대밭이 되고 말아. 그리고 온난화 때문에 폭풍우는 더 거세지고 있지. 키리바시 대통령은 자국민을 위해 이웃 섬인 피지의 토지를 사들였어. 피지섬에는 그래도 산이 있거든. 키리바시에는 산이 없어. 섬들은 겨우 해발 몇 미터에 불과하지. 키리바시 주민들은 섬이 언제 물속으로 사라질까 두려움에 떨고 있어.

예측에 따르면, 그 일이 이번 세기에 일어날 거라고 해. 주민들은 그걸 막기 위해 온갖 방법들을 생각해 냈어. 섬을 더 높게 돋우고, 장벽을 설치하자는 의견이 나왔어. 떠 있는 섬을 건설하자는 의견도 나왔지. 하지만 대부분 너무 비싸거나 비현실적이었지. 키리바시 사람들은 이미 바닷물로 인한 문제를 겪고 있어. 해안이 무너지고 있는 데다, 소금기 있는 물 때문에 농작물이 염해를 입고 있어. 일부 섬 주민들은 뉴질랜드와 호주로 이주를 하고 있어.

키리바시에 오신걸 환영합니다!

키리바시

이들을 최초의 기후 난민이라고 부르기도 하는데, 그건 조금 과장된 표현이야. 지금 섬을 떠나는 사람들은 더 나은 삶을 찾아 떠나는 거지, 재난을 피해 도망치는 게 아니니까. 하지만 키리바시 사람들이 정말로 물 때문에 탈출하게 될 날도 얼마 남지 않았어. 나우루, 투발루, 몰디브 같은 다른 열대 섬에 사는 사람들도 마찬가지야.

이번에는 키리바시에서 북쪽으로 8,000킬로미터 떨어진 곳으로 한번 가 볼까? 알래스카에 있는 시슈머레프 Shishmaref라는 마을이야. 이곳은 상황이 훨씬 안 좋아. 시슈머레프의 집들은 정말로 재앙의 절벽 끝에 서 있어. 단 한 번의 폭풍우로도 그들은 모조리 쓸려 나갈 거야. 시슈머레프에는 600명의 주민이 살고 있어. 이곳에는 비키니, 샌들, 해먹이 없어. 이누이트 Innuit는 따뜻한 코트를 입고, 모자를 쓰고, 부츠를 신으니까. 그들은 물고기를 잡고, 물개와 순록을 사냥하며 살아. 하지만 그것도 점점 어려워지고 있어. 온도가 높아지면서 얼음이 얇아지고 있거든. 얼음 위를 마음 놓고 다닐 수 없게 된 거야. 썰매를 탄 사냥꾼은 언제 물속으로 빠지게 될지 몰라 마음을 졸이며 다닐 수밖에 없어.

시슈머레프의 집들은 대부분 바다와 가까워. 물론 처음부터 그랬던 건 아니야. 예전에는 집과 바다 사이에 너른 해변이 있었고, 땅은 일 년 내내 얼어 있었지. 예전에는 파도가 집을 덮치기 힘들었지만, 이제는 그렇지 않지. 시슈머레프의 해안은 점점 무너져 내리고 있고, 주민들은 하나둘씩 고향을 버리고 내륙으로 들어가고 있어. 빈집들이 벼랑 끝에 아슬아슬하게 서 있어. 똑바로 서 있는 집도 있지만, 어떤 집들은 기울어질 대로 기울어져서, 파도 한 번이면 그대로 쓰러지고 말 거야.

98
•
99

몇 년 전, 시슈머레프 주민들은 투표를 했어. 80킬로미터 떨어진, 더 안전한 곳으로 이주하기로 했지. 쉽지 않은 결정이었어. 나이가 많은 사람들은 머물고 싶어 했거든. 하지만 주민 모두가 이주하려면 비용이 너무 많이 들었어. 지금 시슈머레프 사람들은 그곳에 남아 본토를 확장하는 방법을 모색하고 있어.

시슈머레프

위험에 처한 도시들

2012년 10월 30일 뉴욕. 사람들이 손전등을 들고 거리를 걷고 있어. 창문마다 판자가 덧대어져 있고, 누군가 검은 페인트 스프레이로 이렇게 써 놓았어. '샌디, 물러가라!' 저 멀리에는 아직 전기가 들어오는 이웃 동네의 불빛이 보이기도 하지만, 이곳은 캄캄한 어둠뿐이야. 문 앞에는 모래주머니들이 쌓여 있고, 신호등도 꺼진 지 오래야. 거리에는 차도 거의 없어. 이따금 소방차나 구급차만이 사이렌 소리를 울리며 지나갔지. 가게들은 셔터를 내렸어. 어차피 팔 물건도 거의 남아 있지 않았어. 며칠 전부터 사람들이 사재기를 시작했으니까. 물, 배터리, 통조림 식품들……. 그야말로 샌디가 뉴욕을 강타했어.

큰길은 강으로 변했어. 고층 빌딩을 짓던 건설용 크레인이 바람에 부러졌어. 건물 전면이 찢겨나가고, 놀이공원은 파도 속으로 사라졌어. 지하철 터널은 물로 가득 찼지. 허리케인 샌디는 53명의 목숨을 앗아갔어. 수백 채의 집과 25만 대의 자동차가 침수되었어. 피해액이 자그마치 300억 달러나 된다고 해. 게다가 이건 뉴욕의 피해 상황일 뿐이야. 자메이카에서 캐나다로 이동하는 길에 샌디는 수많은 사람을 죽이고, 건물을 파괴했어.

이게 기후 변화 때문일까? 음… 확신할 수는 없지만 그럴 가능성이 꽤 커. 따뜻한 공기는 더 많은 물과 에너지를 담고 있어. 덕분에 샌디가 그렇게 강력해질 수 있던 거야. 일반적으로 허리케인은 뉴욕에 가까워질 때쯤이면 그 위력이 상당히 약해지거든. 뉴욕 주변에는 허리케인이 발생하는 데 필요한 따뜻한 물이 없으니까. 그런데 2012년 가을에는 따뜻한 물이 거기 있었던 거야.

물론 다른 원인도 있었겠지. 샌디가 온난화와 아무런 관련이 없다고 해도, 샌디는 앞으로 우리에게 닥칠 일이 뭔지 아주 잘 보여 주었어. 그건 바로 홍수야. 홍수가 일어나는 이유는 해수면 상승과도 관련이 있지만, 주로는 심한 폭풍우 때문이야. 태풍이 불면 물은 몇 센티미터가 아니라 몇 미터 단위로 올라가니까.

해안 도시에서는 홍수가 더 자주 일어날 거야. 이들 도시에는 수많은 사람이 살고 있지. 리우데자네이루, 마이애미, 런던, 이스탄불, 두바이, 뭄바이, 홍콩, 자카르타, 도쿄, 시드니 같은 도시를 생각해 봐. 이 도시의 주민들을 모두 합하면 1억 명이 넘어. 그리고 그 수는 매일 증가하고 있지. 더 많은 집과 도로가 생겨나고 있어. 물속으로 가라앉으면 안 되는 땅이 점점 더 많아지고 있다는 뜻이야.

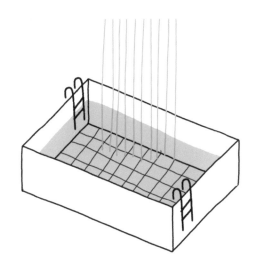

위협은 바다에서만 오는 게 아니야. 수많은 대도시가 강을 끼고 형성되었어. 그런데 이제 그 강들이 우리를 위협하는 존재가 되고 있어. 눈은 더 많이 녹아내릴 테고, 폭풍우는 점점 더 심해질 거야. 강물도 가만히 있지는 않겠지. 미시시피강, 메콩강, 템스강이 범람하는 장면이 매년 뉴스에 나오고 있어.

해안 도시는 대부분 강가에 있어. 뉴욕도 허드슨강 어귀에 있지. 강어귀는 깔때기 모양이야. 샌디가 허드슨강에다 비를 퍼붓자, 강 수위는 빠르게 상승했어. 바닥이 넓

고, 목이 좁은 병에다 물을 채워 봐. 그것도 일종의 깔때기니까. 바닥 부분, 그러니까 넓은 부분에 물을 부을 때는 물이 천천히 올라가. 그러다가 위로 올라갈수록 속도가 빨라질 거야. 나중에는 너무 순식간에 차올라서 수도꼭지를 빨리 잠그지 않으면 물이 넘쳐흐르게 돼.

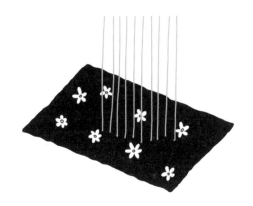

뉴욕과 같은 도시는 해수면 상승과 맞서기 위해 대비를 하고 있어. 바닷물이 강으로 유입되는 것을 일시적으로 막아 줄 방어 시설을 구축하고, 제방을 높이고, 강을 넓히고 있지. 그렇지만 한번 상상해 볼까? 바닷물의 수위가 너무 높아져서 강어귀에 있는 방어 시설을 가동했어. 바닷물이 강으로 들어올 수 없는 건 좋은 거지. 그렇지만 반대로 강물도 바다로 흘러갈 수 없어. 그러는 동안에도 산에서는 빙하가 녹고 있지. 잠글 수 없는 수도꼭지처럼 그 물이 강으로 흘러올 거야. 자, 이제 어떻게 할래? 방어 시설을 열어야 할까? 아니면 닫아 놓아야 할까? 네가 결정해.

물이 필요해

푸포 호수Lake Poopó는 볼리비아에서 티티카카 호수Lake Titicaca 다음으로 큰 호수야. 그리고 세상에서 가장 재미있는 이름을 가진 호수지. 그런데 2015년부터 푸포 호수는 더 이상 호수가 아니야. 높은 온도 때문에 물이 다 증발해 버렸거든. 수천 마리의 물고기들이 갈라진 바닥에서 뜨거운 햇빛을 받으며 죽어 갔어. 메마른 평원에 흩어져 있는 어선들은 조용히 다음 항해를 기다리고 있지. 하지만 그런 순간은 아마 오지 않을 거야. 푸포 호수의 물은 비와 빙하에서 왔어. 그런데 몇 년 동안 비가 내리지 않았지. 그리고 빙하가 점점 작아지면서 빙하에서 흘러오던 물도 줄어들었어. 물론 모든 것이 기후 변화의 잘못은 아니야. 지역 농부들과 광부들이 물을 너무나 많이 가져다 썼거든. 그것도 몰래 말이야. 농사를 시으려면 물이 필요하고, 리튬을 땅에서 캐내려면 물이 필요요. 리튬은 네 스마트폰의 배터리를 만들기 위해 꼭 필요한 광물이야. 그런데 문제는 볼리비아에 그 모든 걸 감당해 낼 물이 충분하지 않다는 거야.

수도꼭지를 돌렸는데 아무것도 나오지 않는다면 어떨까? 변기 물을 내렸는데 물이 내려가지 않는다면? 물을 사러

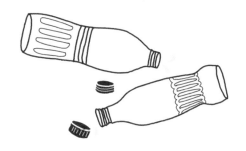

갔는데 선반이 텅텅 비었다면? 볼리비아에서 실제로 몇 주 동안 일어났던 일이야. 식당에서는 화장실도 갈 수 없었어. 정부는 물탱크를 들여왔고, 사람들은 양동이와 대야를 들고 줄을 섰어. 그렇게 겨우 마실 물을 얻었어. 씻을 생각은 할 수도 없었지.

볼리비아 사람들은 정부에 불만을 제기했어. 그들은 빈 양동이와 병을 들고 거리로 나왔어. "우리는 물을 원한다!"라고 쓰인 푯말을 들고 시위했지. 마치 물이 나오지 않는 게 정부의 잘못이라는 듯이 말이야. 흠, 어쩌면 그럴지도 몰라. 볼리비아 정부는 뭘 해야 했을까? 물이 점점 줄어들고 있다는 걸 예상하고, 사람들이 물을 더 신중하게 쓸 수 있도록 했다면 어땠을까? 농부들이 땅에다 물을 허비하고 있는 건 아닌지, 광부들이 물을 몰래 빼돌리고 있는 건 아닌지 확인을 했더라면? 아마존에서 나무를 마구 베어 내는 행위도 막을 수 있었다면?

가뭄으로 어려움을 겪는 나라는 볼리비아 말고도 많아. 미국 캘리포니아에서는 종종 물을 배급해야 하는 상황이 벌어지기도 해. 물이 배급될 때는 세차를 하거나, 수영장에 물을 채우거나, 골프장에 물을 뿌리는 건 허용되지 않아. 그래도 이런 건 생존의 문제는 아니니까 참을 만하지. 가뭄과 태풍이 캘리포니아와 그 외 지역에서 큰 산불을 일으키고 있어. 이건 분명 생존의 문제야. 사람들이 대피하는 일이 잦아지고, 사상자도 발생하고 있으니까.

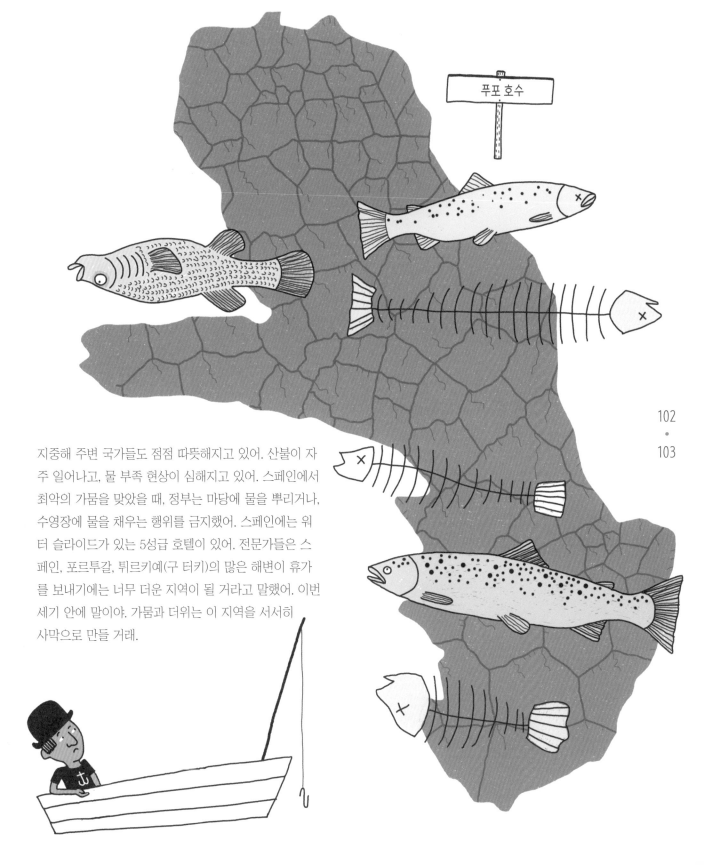

푸포 호수

지중해 주변 국가들도 점점 따뜻해지고 있어. 산불이 자주 일어나고, 물 부족 현상이 심해지고 있어. 스페인에서 최악의 가뭄을 맞았을 때, 정부는 마당에 물을 뿌리거나, 수영장에 물을 채우는 행위를 금지했어. 스페인에는 워터 슬라이드가 있는 5성급 호텔이 있어. 전문가들은 스페인, 포르투갈, 튀르키예(구 터키)의 많은 해변이 휴가를 보내기에는 너무 더운 지역이 될 거라고 말했어. 이번 세기 안에 말이야. 가뭄과 더위는 이 지역을 서서히 사막으로 만들 거래.

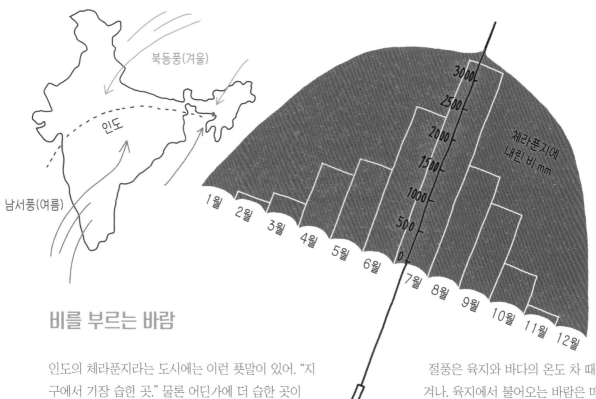

북동풍(겨울)

인도

남서풍(여름)

체라푼지에
내린 비 mm

3000
2500
2000
1500
1000
500
0

1월 2월 3월 4월 5월 6월 7월 8월 9월 10월 11월 12월

비를 부르는 바람

인도의 체라푼지라는 도시에는 이런 푯말이 있어. "지구에서 가장 습한 곳." 물론 어딘가에 더 습한 곳이 있을지도 몰라. 그렇지만 체라푼지는 정말 습하긴 습해. 그건 확실해. 이곳에는 매년 천 백 밀리미터의 비가 내리거든. 거대한 공룡 디플로도쿠스 Diplodocus가 잠수를 할 수도 있을 정도야. 연간 강우량이 9백 밀리미터인 시카고와 천3백 밀리미터인 밴쿠버와 비교를 해 봐. 그렇다고 체라푼지가 항상 축축하게 젖어 있는 건 아니야. 12월과 1월에는 비가 기껏해야 몇십 밀리미터밖에 내리지 않거든. 대신 여름에는 하늘이 뚫린 것처럼 물이 쏟아져. 1861년 7월, 체라푼지의 강우량은 기네스북에 오르기도 했어. 한 달 동안 9천3백 밀리미터의 비가 내렸거든.

계절에 따라 강우량이 이렇게 차이가 나는 것은 인도와 동남아시아에서 부는 계절풍 때문이야. 계절풍은 6개월마다 방향이 바뀌는 바람이야. 6개월 동안에는 한 방향으로 불다가, 그다음 6개월은 반대 방향으로 부는 거지. 계

절풍은 육지와 바다의 온도 차 때문에 생겨나. 육지에서 불어오는 바람은 매우 건조한데, 바다에서 불어오는 바람은 엄청난 습기를 머금고 있어. 기후 온난화는 이러한 차이를 더 크게 만들고, 예측하기도 어렵게 만들고 있어. 어떨 때는 너무 건조하고, 또 어떨 때는 너무 습한 거지. 계절풍의 방향이 너무 이르게 바뀌기도 하고, 또 때로는 너무 늦게 바뀌기도 해.

이러한 변화는 지역 주민들에게 심각한 결과를 가져다줄 수 있어. 이들 지역에는 10억 명의 사람이 살고 있어. 많은 사람이 계절풍에 의존해서 살아가. 농부는 작물을 재배하기 위해 비가 필요해. 추수에 실패하면 돈을 벌지 못하고, 그러면 굶게 될 테니까. 그러나 비가 너무 많이 내리면 강물이 범람해. 너도 사진으로 본 적이 있을 거야. 물 밖으로 빼꼼 나와 있는 야자수 꼭대기, 강물에 휩쓸려 내려가는 집들, 물건을 가득 싣고 흙탕물을 가로지르는 스쿠터……. 모두 계절풍 때문이야. 하지만 이 지역 주민

들은 계절풍 없이는 살 수 없어. 계절풍이 늦어지면 어떻게 되는지 한번 볼래?

뉴델리 기온이 45도까지 올라가. 밤이 되면 겨우 몇도 떨어지기는 하지만 푹푹 찌는 더위는 변함이 없지. 2천만 명의 주민이 시원한 공기를 원해. 수많은 에어컨과 선풍기가 돌아가지만, 정전이 자주 되어서 그마저도 도움이 안 될 때가 많아. 사람들은 전력 회사 직원들에게 항의 전화를 해. 그들은 정말 필요할 때 전기 공급이 안 된다는 사실에 분노하지. 하지만 이건 발전소 잘못이 아니야. 모두가 에어컨을 켜면, 발전소는 최대 전력으로 일해야 해. 그러기 위해서는 물이 필요하지. 수력 발전소는 말할 것도 없고, 화력 발전소에서도 냉각수가 필요해. 그러나 계절풍이 불지 않으면 저수지는 비어 있어.

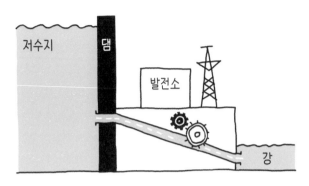

마침내 비가 와! 평소보다 2주 정도 늦은 시점이었지. 아이들이 거리로 몰려나와 춤을 춰. 먼지 가득한 공기도 맑아지고, 온도도 내려가. 안도의 한숨이 도시를 통과해. 그러나 물과 함께 오는 것이 있어. 바로 모기야. 모기는 무서운 질병을 달고 오지.

진드기, 모기 그리고 꽃가루

러시아에서 탄저병이 마지막으로 발병한 것은 1941년이었어. 탄저병은 전염성이 강한 데다, 초기에 적절한 치료를 받지 않으면 치사율이 엄청 높은 무서운 질병이야. 그런데 사라진 것 같았던 탄저병이 2016년에 갑자기 다시 나타났어. 러시아 북부에 살고 있던 수십 명의 양치기가 병원에 입원했어. 열두 살 소년이 사망했지. 그들이 갑자기 왜 탄저병에 걸렸을까? 아마도 순록 사체에서 나온 박테리아에 감염되었을 거야.

진드기

75년 전쯤 탄저병으로 죽은 순록이 있었어. 시체는 얼어붙었고, 박테리아는 그 안에서 정지된 채로 잠을 자고 있었겠지. 그러다 땅이 녹으면서 박테리아가 깨어난 거야. 이렇게 깨어난 탄저균 박테리아가 러시아 북부에는 꽤 많을 거야. 그나마 다행인 건 얼음 속에서 그렇게 오랫동안 살아남을 수 있는 질병이 탄저병 말고는 별로 없다는 거야. 그리고 지금 우리에겐 백신도 있으니까 그렇게 무서워할 필요는 없어.

우리가 무서워해야 할 건 바로 진드기야. 작은 거미처럼 생긴 진드기는 라임병을 옮길 수 있어. 이건 너도 이미 알고 있겠지. 그런데 이것도 알고 있니? 진드기들이 지구 온난화 때문에 아주 많이 행복해하고 있다는 사실 말이야. 생각해 봐. 그들은 덥고 습한 곳을 좋아해. 그들은 5도 이상일 때 활동하고 숲이나 시골, 모래 언덕 같은 곳에 오는 사람들을 상대로 히치하이크하는 것을 좋아해. 그러니까 캠핑 가이드가 야외 활동을 하고 나면 진드기를 확인하라고 잔소리를 하는 것도 이해가 되지.

모기도 기후 변화를 반기고 있어. 말라리아모기를 예로 들어 볼까? 그들은 지구상에서 가장 위험한 생물이야. 해마다 50만 명이 말라리아모기가 옮기는 병으로 사망해. 독사에 물려 죽는 사람이 연간 15만 명인 걸 감안하면 정말 큰 숫자지. 말라리아모기는 덥고 습한 날씨를 좋아해. 모기의 미래가 꽤 밝아 보이지? 모기들의 서식지가 점점 늘어나고 있어. 추웠던 고산 지역도 모기가 살만한 기후로 바뀌고 있어. 아프리카에서는 모기로 인한 희생자가 더 많이 나올지도 몰라.

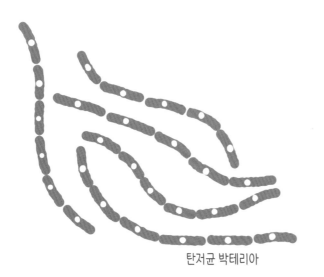

탄저균 박테리아

부유한 지역에서는 말라리아를 그렇게 무서워할 필요가 없어. 그곳은 열대성 기후로 바뀌더라도, 모기가 서식할 만한 더러운 웅덩이가 적고, 모기를 퇴치할 만한 돈도 있으니까. 말라리아모기의 사촌들도 이동하고 있어. 흰줄숲모기와 일본숲모기는 뎅기열 같은 질병을 옮길 수 있어. 그들은 물기가 남아 있는 대나무나, 자동차 타이어를 타고 다른 나라로 이동해. 하지만 아직은 그렇게 걱정할 단계는 아니야. 질병을 옮기기 위해서는 그들이 먼저 감염이 되어야 하고, 번식도 할 수 있어야 하니까. 그건 가능성이 아주 낮거든.

기후 변화의 명백한 징후는 네 주변에서 나는 재채기 소리야. 네가 그 재채기를 하는 사람일 수도 있겠지. 나도 그렇거든. 나는 꽃가루 알레르기가 있어. 전에는 알레르기 증상을 겪는 시기가 그렇게 길지 않았어. 5월에 몇 주 정도? 하지만 지금은 3월에도 재채기를 하고, 10월에도 재채기를 해. 따뜻한 날씨 때문에 개화 기간이 길어졌어. 더 일찍 피는 꽃이 있는가 하면, 더 늦게 피는 꽃도 있지. 게다가 높은 온도 때문에 꽃도 훨씬 많이 피는 것 같아. 더 많은 꽃가루가 날린다는 말이야. 예전에는 추워서 자라지 못했던 남쪽 식물들이 여기저기에서 자라나고 있어. 누군가 기후 변화가 말도 안 되는 소리라고 한다면 나는 이렇게 대답할 거야.
"에취!"

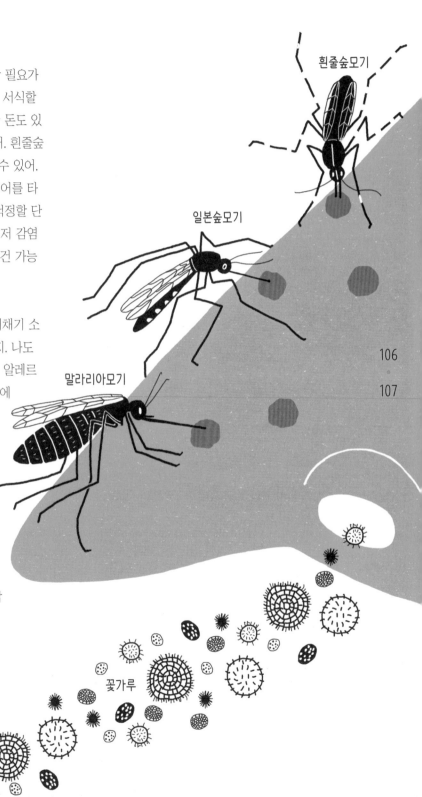

흰줄숲모기

일본숲모기

말라리아모기

꽃가루

축제 훼방꾼

2011년 8월 18일, 벨기에 하셀트에서는 푸켈팝Pukkelpop 음악 축제가 한창이었어. 뜨거운 태양 아래, 기온은 28도까지 올라갔어. 폭풍우가 몰아칠 거라는 예보가 있었지만, 날씨 걱정을 하는 사람은 아무도 없었어. 반바지에 얇은 티셔츠를 입은 수천 명의 사람이 좋아하는 밴드의 공연을 보고 있었어. 그런데 갑자기 하늘이 어두워졌어. 비가 내리기 시작했어. 이내 울부짖는 바람 소리와 함께 우박이 떨어져 내렸어. 당황한 축제 참가자들은 서둘러 텐트로 들어갔어. 그러나 텐트마저 비바람에 무너지고, 그날 다섯 명이 목숨을 잃었어. 남은 축제는 모두 취소되었지.

2018년 10월 12일, 캘리포니아 남부 데이즈 사막에서 테임 임팔라가 첫 번째 곡을 연주하기 시작했어. 그러나 무대의 화려한 조명은 엄청난 위력의 번개 때문에 완전히 묻히고 말았어. 15분 뒤, 밴드는 무대를 떠났어. 위협적인 구름이 몰려오고 있었고, 축제 관계자는 사람들에게 경고했어. "날씨가 좋지 않으니, 모든 페스티벌 참가자들은 즉시 행사장을 나가 대피할 곳을 찾길 바랍니다. 되도록 차 안에서 침착하게 대기해 주십시오."

축제 참가자들은 시키는 대로 했어. 불안한 얼굴을 한 채, 차창 밖이 온통 진흙투성이가 되는 것을 지켜보았지. 다행히 다친 사람은 없었어.

페스티벌이 취소된 게 기후 변화 탓일까? 확신할 수는 없어. 증기 기관이 발명되기 훨씬 이전에도 폭풍우는 있었으니까. 게다가 지금은 사람도 많아졌고, 그만큼 축제도 늘었어. 그렇지만 기후 변화 때문에 폭풍우가 더 자주 발생하는 건 맞아. 날씨 때문에 스포츠 경기가 취소되는 일이 잦아지고 있어. 음악 축제 같은 야외 행사도 마찬가지야. 번개나 우박을 맞고 싶은 사람은 없을 테니까.

폭염도 더 자주 발생하고, 기간도 길어지고 있어. 이것 때문에 가뭄, 산불, 사망자가 늘고 있지. 2003년에 있던 긴 무더위 때문에, 유럽에서는 7만 명의 추가 사망자가 발생했어. 대부분은 나이가 많은 노인이거나, 건강이 좋지 않은 사람들이었지. 허약한 사람들은 높은 온도를 잘 견디지 못해. 그러니까 다음 무더위 때는 할머니나 반려동물을 잘 보살펴야 해. 물은 적당히 마시고 있는지, 너무 뜨거운 곳에 있는 건 아닌지 확인해 봐. 특히 네가 대도시에 산다면 더욱 신경 써야 해.

대도시는 다른 지역보다 훨씬 더 덥거든. 왜 그럴까? 햇볕 쨍쨍한 날에 건물 벽에다 손을 대 봐. 뜨겁지? 해가 져도 열기는 꽤 오랫동안 유지될 거야. 도시의 건물은 열을 많이 흡수해. 어두운색의 광장과 도로도 열을 많이 흡수해. 그걸 식혀 줄 바람도 많이 불지 않아. 왜냐하면 빽빽하게 들어선 건물들이 막고 있으니까. 자동차와 에어컨이 열을 내뿜고, 사람들의 체온도 한몫하지. 도시에는 호수나 웅덩이가 별로 없고, 녹지도 많지 않아. 그래서 증발을 통한 냉각 효과를 기대할 수도 없지. 그러니까 네가 큰 도시의 시장이라면, 기후 변화에 대비해 뭘 해야 할지 알겠지? 그늘을 많이 만들고, 바람이 불 수 있도록 하고, 녹지를 형성하고, 호수를 만들고, 자동차를 줄이고, 지붕과 도로를 모두 흰색으로 칠해야겠지.

흰색 얘기가 나와서 말인데, 혹시 겨울에 스키나 스노보드를 타러 갈 계획이 있니? 그렇다면 그것도 오래 묵히면 안 돼. 겨울이 점점 따뜻해지고 있잖아. 산에 눈이 언제까지 덮여 있을지 모르는 일이라고. 해마다 수백만 명의 사람이 겨울 스포츠를 즐기기 위해 로키산맥이나 알프스산맥으로 여행을 가. 그렇지만 겨울 스포츠 시즌은 점점 짧아지고 있어. 별로 신나는 얘기는 아니지? 그렇지만 다른 사람을 탓할 수도 없어. 겨울 스포츠 팬들이 지구 온난화에 기여한 게 있으니까. 일단 제설기는 엄청난 에너지를 먹는 기계야. 또 리조트로 가는 길에 뿌려진 엄청난 양의 연료를 생각해 봐. 그리고 스키장을 만들기 위해 베어 낸 그 많은 나무도……. 눈은 점점 줄어들고, 스키나 스노보드를 타고 싶은 사람은 더 높은 산으로 올라가야 할 거야. 알프스산맥을 연구하는 일부 과학자들은 이번 세기가 끝나기 전에 그곳에 있는 스키 리프트가 모두 사라질 거라고 말해. 게으른 등산객을 위해 몇 개 남길 수는 있겠지만 말이야.

모두를 위한 식량

단돈 1달러를 가지고 뭘 살 수 있을까? 초코바 하나, 초코볼 한 봉지, 혹은 패스트푸드점에서 파는 소프트아이스크림을 살 수 있어. 가만히 생각해 보면 놀라운 일이야. 특히 초콜릿을 만드는 데 필요한 것들을 생각해 보면 더욱 그렇지. 초콜릿을 만들려면 우선 카카오콩이 필요해. 카카오콩은 카카오나무에서 나. 그럼 카카오나무는 어디에서 자라느냐, 적도 주변의 나라에서 자라. 카카오나무는 따뜻한 기후를 좋아하지만, 뜨거운 건 못 참아. 가뭄을 싫어하지만, 그렇다고 너무 습한 것도 좋아하지 않아. 까다로운 식물이지. 이렇게 가리는 것 많은 카카오나무가 기후 변화에 잘 적응할 수 있을까? 아마도 힘들 거야. 초콜릿 만드는 사람들도 이걸 잘 알고 있어. 그래서 그들은 날씨 전문가를 고용했어. 카카오나무가 미래에도 충분한 생산량을 유지하려면 어떻게 해야 하는지 연구를 하려고 말이야. 이건 카카오 재배 농부들뿐만 아니라, 너나 나처럼 초콜릿을 좋아하는 사람들에게도 아주 중요한 문제야. 초콜릿 선반이 텅텅 비어 있거나, 스니커즈 바 하나에 5달러나 한다고 생각해 봐. 충분히 일어날 수 있는 일이야. 과거에는 초콜릿이 부자들만 먹을 수 있는 고급 음식이었거든.

어쩌면 초콜릿이 문제가 아닐 수도 있어. 기근과 영양실조가 우리의 미래가 될 수도 있단 말이야. 우리는 세계 인구가 충분히 먹을 만한 식량을 계속 생산할 수 있을까? 그럼 쌀, 옥수수, 밀 같은 곡물에 관한 얘기를 안 할 수가 없어. 이 식물들은 그래도 카카오콩보다는 덜 까다로워. 하지만 이 친구들이라고 가뭄, 홍수, 폭풍우, 우박, 곤충의 공격 같은 걸 좋아할 리는 없지. 한마디로 기후 변화가 곡물 생산에는 그다지 도움이 안 된다는 말이야. 인구는 계속 증가하는데, 식량 생산 환경은 더 불리하게 바뀌고 있어. 왜 기근과 영양실조를 걱정해야 하는지 알겠지?

온난화 때문에 경작지가 늘어나는 지역도 있어. 예전에는 너무 추워서 농사를 지을 수 없었던 땅에서도 작물 재배가 가능해지고 있으니까. 예를 들어, 캐나다, 그린란드, 스칸디나비아, 러시아 북부 같은 곳 말이야. 그렇지만 아프리카 농부들은 더 높은 곳으로 이동해야 할 거야. 에티오피아나 탄자니아의 산악 지역처럼 시원한 곳을 찾아 떠나야겠지. 아프리카의 식량 문제는 점점 더 심해질 거야. 인구는 빠르게 증가하고 있지만, 경작지는 줄어드는 셈이니까. 게다가 기후 변화는 아프리카의 어업에도 심각한 타격을 줄 수 있어. 물고기들도 더위를 느끼고 있거든. 그들은 시원한 물을 찾아 적도를 떠나고 있어. 아프리카야말로 정말 물고기가 필요한 곳인데, 정작 물고기들은 그곳으로부터 멀어지고 있지.

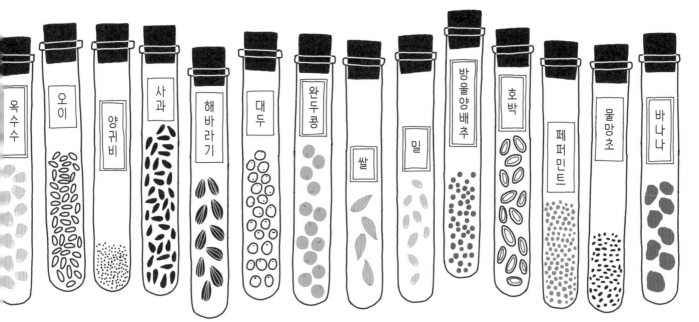

인구 증가, 지구 온난화를 겪으면서 전 세계 과학자들은 튼튼한 곡물을 개발하기 위해 노력하고 있어. 더위, 질병, 가뭄, 홍수에 잘 견디는 곡물 말이야. 여러 종자의 장점을 뽑아서 다양한 방법으로 품종 개량을 하고 있지. 여러 국가가 자국의 종자를 안전하게 보관할 수 있는 종자 은행을 갖고 있어.

노르웨이의 스피츠베르겐섬에는 세계 종자 금고인 글로벌 시드 볼트가 있어. 식물을 위한 노아의 방주 같은 곳이라고 보면 돼. 이곳에는 질병, 전쟁, 자연재해로 인해 소실되는 것을 막기 위해 백만 종 이상의 씨앗이 지하 저장고에 보관되어 있어(총 25억 개의 씨앗을 저장할 수 있다고 해). 다른 씨앗들도 중요하겠지만, 특히 우리가 많이 먹는 쌀, 밀, 콩 같은 식물의 종자는 더 중요하겠지. 이 식물 중 하나가 사라졌다고 생각해 봐. 어쨌거나 그런 일이 벌어져도 우리에겐 글로벌 시드 볼트가 있으니까 다시 시작할 수 있어. 그런데 왜 글로벌 시드 볼트가 스피츠베르겐섬에 있을까? 그건 그동안 스피츠베르겐섬에서 전쟁이나 지진이 일어난 적이 한 번도 없었기 때문이야. 게다가 땅이 꽁꽁 얼어 있어서, 냉동고가 고장이 나더라도 씨

앗을 수백 년 동안 신선하게 유지할 수 있거든. 저장고는 상승하는 해수면도 고려해서 지어졌기 때문에 세상 모든 얼음이 녹더라도 저장고가 침수되는 일은 없을 거야. 2015년, 한국에도 글로벌 시드 볼트가 설립되었어. 해발고도 600미터, 지하 46미터 지점에 터널형으로 만들어진 이곳은 노르웨이와 달리 야생종 씨앗을 보관한다고 해.

물 전쟁

이제 정말 무서운 얘기를 할 거야. 아니, 내 계획은 그랬어. 기후 변화의 어두운 면, 물 때문에 싸워야 하는 국가들. 영화가 아닌 실제로 일어나는 헝거 게임이랄까? 흥미로운 주제잖아. 댐을 두고 이웃한 국가가 서로 싸우는 이야기 말이야. 강은 국경선을 따지지 않잖아. 누군가 국경선 근처에 댐을 건설하면, 이웃 나라는 상당히 화가 날 거야. 가뭄이 심할수록 갈등은 고조되겠지. 날이 더워지면 전쟁은 더 잦아질 거고, 부자들은 고산 지역으로 올라갈 거야. 아직은 시원하고, 약간의 비가 내리는 곳. 저 아래 건조한 나라의 기후 난민들이 공격해 오더라도 쉽게 제압할 수 있는 곳. 지구 생명체가 살아갈 수 있는 공간과 물은 점점 부족해질 테고, 마침내 우리는 이런 말을 하게 되겠지. "기억나니? 그때는 깨끗한 물 한 잔보다 셀카를 더 신경 쓰던 시절이었어." 그리고 21세기는 인류의 가장 번성했던 시대로 역사 속에 남겠지. 재난 영화에 등장하는, 우리를 구하러 오는 영웅은 없을 거니까.

그런데 이런 일이 정말로 일어날까? 아직은 그럴 기미가 보이지 않아. 지난 30년간 전쟁은 오히려 줄었어. 세상이 따뜻해지고 있는데도 밀이야. 몇 년 전, 영국의 과학 저널리스트 웬디 바너비Wendy Barnaby는 물 전쟁에 관한 책을 쓰려고 했어. 바너비도 나처럼 뭔가 무서운 일이 벌어질 것으로 생각했지. 출판사도 그녀의 의견에 힘을 보태 주었어. 세상이 더워지면 분명 물 때문에 전쟁이 일어날 것이라고 생각했으니까. 바너비는 조사를 시작했어. 그런데 그녀가 찾은 게 뭔지 알아? 수천 개의 댐이 전쟁 없이 건설되었어. 모든 분쟁은 정부 차원에서 해결되었어. 국가들은 물 문제로 싸우고 싶어 하지 않았어. 물은 대부분 식량을 생산하는 데 쓰이는데, 물이 부족하면 그냥 다른 나라에서 식량을 사 오면 되거든. 물론 돈이 있어야 하겠지만. 아무튼 그래서 물 전쟁에 관한 책은 아직 쓰이지 않았어.

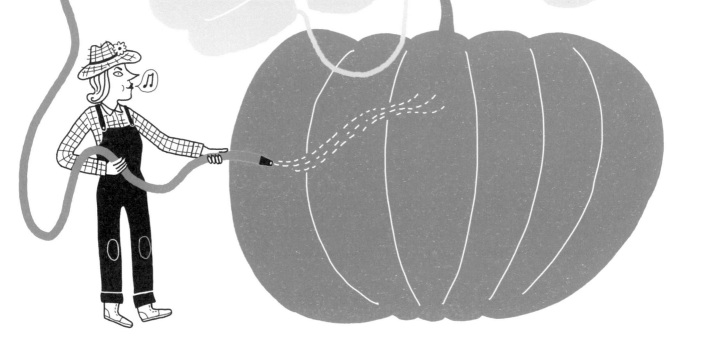

물론 기후 변화가 전쟁으로 이어질 것으로 보는 사람들도 있어. 몇몇 사람들은 이미 전쟁이 시작되었다고 생각해. 그들은 수단과 시리아에서 일어났던 전쟁이 가뭄 때문이라고 생각해. 먹고 마실 것이 충분했을 때, 그 지역 사람들은 평화롭게 살았어. 그러나 지금은 물, 식량, 비옥한 토양을 두고 서로 싸우고 있지. 어떤 사람들은 그들이 종교 때문에 싸운다고 생각해. 기후 변화는 단지 구실에 지나지 않는다고 말이야.

그러니까 기후 변화가 전쟁을 일으킬 것인지 딱 잘라 말하기는 어려워. 기후 난민의 수를 예측하는 것은 훨씬 더 어렵지. 유엔의 조사에 따르면, 1억 5천만 명의 기후 난민이 이미 이동하고 있으며, 2050년에는 3억 명이 될 거래. 이건 2015년, 낡은 보트를 타고 지중해를 건넜던 시리아 난민들의 300배에 달하는 숫자야. 그마저도 유럽에서 수용하기에는 너무나 많았어.

전쟁과 마찬가지로, 사람들을 난민으로 만드는 이유가 기후라고 딱 잘라 말하기는 어려워. 방글라데시 해안에 사는 어느 가난한 가족을 떠올려 봐. 금방이라도 쓰러질 것 같던 낡은 집이 홍수에 떠내려갔어. 이 가족을 고향에서

내쫓은 건 홍수일까? 아니면 가난일까? 어느 쪽이든 비참한 건 마찬가지지만. 누가 나고 자란 고향을 떠나고 싶어 하겠어?

더 큰 문제는 이거야. 부유한 나라보다 훨씬 적은 CO_2를 배출하는데도, 기후 변화로 고통받는 것은 언제나 가난한 나라와 가난한 사람들이라는 거야. 가난한 나라들은 이미 건조하고 더운 지역에 몰려 있어. 몇 도만 올라가도 치명적인 상황이 벌어질 수 있지. 부유한 나라들은 댐을 건설하고, 식량을 구매하고, 질병을 관리할 돈을 가지고 있잖아. 기후 난민들이 그쪽으로 몰려드는 것도 어쩌면 당연한 일이야.

7·우는토끼와 문어

▶ **이 장에서 우리가 읽을 내용은……**

- 네가 본 적 없는 너무나도 귀여운 동물

- 지구가 너무 작다고 생각하는 새

- 북극곰이 멸종해도 상관없는 누군가

- 한 그루의 나무가 많은 생명을 구하는 방법

- 멸종이란 어떤 모습인지

- 기후 변화가 선물한 징그러운 녀석들

- 조개를 사라지게 하는 방법

■ **짧게 말해서: 기후 변화가 자연에 미치는 영향에 대해**

안녕, 우는토끼!

리 웨이동Li Weidong이 이 동물을 처음 만난 건 스물여덟 살때였어. 그는 중국에 있는 어느 산을 오르고 있었어. 잠시쉬려고 바위에 걸터앉은 그의 눈에 어떤 그림자가 스쳐지나갔어. 리는 고개를 돌렸어. 그리고 자기 눈을 의심했지. 바위틈에서 어떤 생명체가 자기를 쳐다보고 있었어. 동화 속에서 막 빠져나온 것처럼 너무나도 귀여운 생명체였지. 토끼처럼 생겼지만 덩치가 훨씬 작고, 귀도 짧았어. 난생처음 보는 동물이었어. 아마 이전에도 이 동물을본 사람은 없었을 거야.

리 웨이동은 이 새로운 종을 연구하기로 마음먹었어. 이동물은 우는토끼과에 속하는 동물이었어. 그거 하나는 확실했지. 우는토끼는 위험한 상황이 되면 서로에게 경고하기 위해 휘파람을 불어. 그래서 우는토끼라는 이름이붙었지. 피카 또는 휘파람토끼라고도 해. 여러 종류의 우는토끼가 아시아와 미국에 흩어져 살고 있어. 하지만 일리 지역에 있는 우는토끼는 다른 친척들과는 전혀 다르게 생겼어. 리는 이 친구들을 일리우는토끼라고 불렀어. 첫 만남 이후, 리는 그곳에서 일리우는토끼를 다시 보지못했어. 물론 그들의 흔적을 발견하기는 했지. 리는 그곳에 일리우는토끼가 3천 마리 정도 살고 있을 거라고 예상했어.

리 웨이동은 그들을 계속 찾아다녔어. 하지만 24년 동안단 한 번도 보지 못했지. 그러다가 2014년, 바위틈에서그 귀여운 얼굴이 다시 나타났어. 심지어 사진도 몇 장찍을 수 있었어. 인터넷에서 '일리우는토끼'를 검색해 봐. 그럼 리가 그때 찍은 사진을 볼 수 있을 거야.

리 웨이동
자연보호론자

우는토끼들의 상황은 그다지 좋지 않아. 일리우는토끼는더 심하지. 3천 마리의 일리우는토끼 중에 지금 겨우 천마리가 남았다고 해. 우는토끼는 노인보다 더위에 약해. 기온이 26도 이상인 곳에서 몇 시간을 보내면 사망할 수도 있대. 지구 온난화로 우는토끼는 점점 더 높은 산으로 올라가게 되었어. 마치 '더위'라는 바다 위에 떠 있는 '차가움'이란 섬 같은 곳이지. 열기는 높은 고도까지 치고올라왔어. 섬도 점점 작아지고 있지. 선선했던 계곡도 이제는 너무 위험해졌어. 다른 계곡으로 건너갈 수 없게 된거야. 그래서 먹이를 찾기가 더 어려워졌고, 짝짓기 상대를 만나기도 더 어려워졌어.

여긴 시원하고 좋군.

흥!

CO₂

온도

기후 변화 때문에 이사를 하게 된 건 우는토끼만이 아니야. 미국인 카밀 파메산Camille Parmesan과 게리 요헤Gary Yohe는 생태 애호가들의 쓴 수천 권의 책과 기록물을 조사했어. 자연을 사랑하는 수많은 사람이 특정 동물이나 꽃을 본 시기와 장소를 기록하고 남겼어. 1950년까지의 모니터링 자료에서는 특별한 점을 발견하지 못했어. 하지만 그 이후로는 분명한 변화가 보였지. 동식물들은 매년 극지방을 향해 평균 600미터를 이동하고 있어. 그리고 더 높은 고도를 향해 매년 60센티미터씩 이동하고 있어.

이러한 이동이 문제가 되는 건, 모두가 같은 속도로 움직이는 게 아니기 때문이야. 새로운 주거 지역으로 이사한 사람들은 아직 갈 만한 가게가 없다고 불평하곤 해. 동물도 마찬가지야. 이사한 지 얼마 안 되었기 때문에, 그들을 위한 먹이가 충분하지 않아. 자연에서는 모든 것이 연결되어 있어. 학교에서는 이걸 먹이 사슬, 먹이 피라미드, 먹이 그물이라고 알려 주었을 거야. 사슬에서 고리 하나를 빼 버리면 어떻게 되겠어? 다른 고리에도 문제가 생기겠지. 계절 변화도 사슬에 영향을 주고 있어. 식물이 원래 자라는 때보다 더 이른 시기에 자라서 많은 동물이 그에 맞춰 새로운 일정을 짜야 해. 꽃은 곤충을 먹여 살리고, 곤충은 새의 먹이가 되고, 새는 맹금류와 여우의 허기진 배를 채워 줘. 결국 모두가 식물에 의존해서 살아가고 있는 거야.

그럼 우리의 우는토끼는 어떻게 될까? 리 웨이둥은 그들이 멸종할까 봐 걱정하고 있어. 그들은 더위를 피하기 위해 계속 올라가겠지. 그런데 산꼭대기에 이르면 어디로 가야 할까? 더는 갈 곳이 없잖아. 미국에 있는 친척과 연락이 닿지 않는 건 무척 안타까운 일이야. 그곳의 우는토끼는 다른 방법을 찾았거든. 그들은 시원한 계곡으로 내려가는 길을 선택했어. 물론 다른 풀을 먹어야 하겠지만 잘 해낼 수 있을 것 같아.

적응, 이동, 멸종. 많은 동식물이 이 세 가지 선택 앞에 서 있어. 이미 선택을 한 동식물도 있겠지. 하지만 기후 변화로 인해 이러한 선택이 한꺼번에 이뤄지고 있어. 하늘에서, 극지방에서, 사막에서, 거리에서, 바다에서……

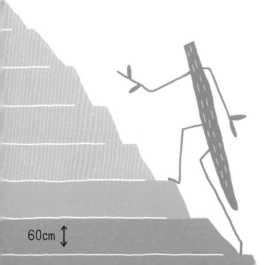

60cm

카밀 파메산
생물학자

게리 요헤
경제학자

벌잡이새

벌잡이새를 소개합니다

암스테르담과 브뤼셀 사람들은 참새나 비둘기 같은 새에 익숙해. 조금 둔해 보이지만 사랑스러운 새들이지. 그런데 이곳에 새로운 새가 나타났어. 밝은 청록색 배에 홍갈색 등, 노란색 턱과 뺨, 부리에서 눈까지 이어지는 검은 줄무늬까지……. 자, 여러분에게 벌잡이새^{Bee eater}를 소개합니다! 벌잡이새? 이름도 낯선 이 새가 뭘 먹고 사는지 혹시 짐작이 가니? 맞아, 벌이야. 벌잡이새는 공중에서 벌을 낚아챈 다음 나뭇가지에 세게 내리쳐서 침을 제거해. 그러고는 꿀꺽! 물론 벌잡이새가 벌만 먹는 건 아니야. 메뚜기랑 잠자리도 좋아하지.

참새나 찌르레기 같은 다른 새와 비교해 보면 벌잡이새는 참 화려해. 어디서나 눈에 띄지. 남아프리카 공화국의 조류 사파리에 가서도 벌잡이새는 금방 알아볼 수 있을 거야. 거기 사는 벌잡이새도 꽤 알록달록하거든. 벌잡이새는 아프리카 북부에서 겨울을 보내다가 봄이 되면 남부 유럽으로 이동해. 그런데 기후 변화 때문에 북유럽에서도 벌잡이새를 관찰할 수 있게 되었어. 곤충을 먹을 수만 있다면 그들은 만족해. 지역의 새 관찰자들도 마찬가지지.

반대로 같은 지역에서 점점 보기 힘들어지는 새도 있어. 예를 들면 노랑개개비 같은 새지. 이 친구는 시원한 날씨를 좋아해. 보통 영국이나 알프스산맥 북쪽에 사는데, 기

오, 화려한걸!

참새

노랑개개비

북극흰갈매기

온이 올라가면서 이곳을 떠나는 노랑개개비Icterine Warbler가 많아지고 있어. 이제는 스칸디나비아나 러시아가 훨씬 편안하게 느껴지겠지. 비슷한 일이 북아메리카에서도 일어나고 있어. 아비Loon, 북부홍관조Northern Cardinal, 댕기박새Tufted Titmouse 같은 새들도 영역을 북쪽으로 확장하고 있어.

그렇다면 이미 북쪽에 사는 새들은 어떻게 할까? 그들은 어디로 가야 할까? 북쪽으로 계속 올라가면 북극이 나오잖아. 그러고는 끝, 더는 갈 곳이 없어. 그게 북극흰갈매기Ivory Gull에게 닥친 문제야. 세상에서 가장 하얀 갈매기인 북극흰갈매기는 얼음 위에서 노는 걸 좋아해. 물고기나 새우 같은 걸 잡아먹으면서 살지. 북극곰이 먹다 남긴 먹이를 먹기도 해. 그들은 주로 북극해나 캐나다, 그린란드, 러시아의 북부에 살고 있어. 그런데 북극이 점점 따뜻해지고 있잖아. 얼음이 줄어들고 있어. 과학자들은 북극흰갈매기의 수가 급격하게 줄고 있다는 걸 알아차렸어. 벌잡이새나 노랑개개비와는 다르게 그들은 갈 곳이 없어. 지금 있는 곳에서 적응하는 수밖에 없지.

캘리포니아 시에라네바다산맥과 코스트산맥에는 북쪽으로 이동하는 대신, 적응을 선택한 새들이 많아. 그들은 100년 전보다 5일에서 12일 정도 일찍 둥지를 튼다고 해. 과학자들도 이 친구들이 왜 그러는지는 정확히 몰라. 단지 온도가 알맞기 때문인지, 아니면 새끼에게 줄 곤충이나 애벌레가 많은 시기를 맞추기 위해서인지…… 어쨌거나 그걸 알아내기 위한 연구는 계속되고 있어.

북극곰만의 문제가 아니야

북극곰의 똥 냄새는 어떨까? 로엘과 제시에게 한번 물어 봐. 로엘과 제시네 학교는 노르웨이의 스피츠베르겐섬으로 견학을 갔어. 그곳에서 학생들에게 북극곰을 조사하게 했지. 과제가 뭐였는지 알아? 서쪽에 사는 북극곰이랑 동쪽에 사는 북극곰이 각각 뭘 먹고 사는지 알아내는 거였어. 북극곰은 해빙 위에서 사냥하는 걸 좋아하는데, 스피츠베르겐섬의 서쪽은 동쪽보다 해빙이 적었어. 그러니까 두 지역에 사는 북극곰의 먹이에 차이가 있는지 알아보는 건 꽤 의미가 있는 일이었지. 겨울이 되면 북극곰은 맛있는 바다표범을 많이 잡아먹고 살을 찌워야 해. 그런데 해가 갈수록 사냥할 시간이 줄어들고 있어. 해빙이 늦게 형성되고, 또 일찍 녹아 버리니까. 이건 북극곰에게는 큰 문제야. 기후 변화에 관한 책 표지에 언제나 불쌍해 보이는 북극곰이 등장하는 이유가 바로 이거야.

로엘과 제시는 스피츠베르겐섬의 서쪽과 동쪽에서 각각 북극곰 똥을 모아 왔어. 그리고 그걸 조사했지. 똥에는 주로 바다표범의 뼈와 수염 들이 들어 있었어. 그리고 이끼나 풀, 해초도 있었지. 뭔가 이상하지? 북극곰은 육식동

물이잖아. 북극곰에게 가장 좋아하는 먹이 세 가지를 말하라고 하면 이렇게 대답할 거야. 바다표범, 바다표범, 바다표범!

로엘과 제시는 두 지역의 북극곰 똥에서 분명한 차이를 발견했어. 서쪽 북극곰 똥에는 식물의 잔해가 훨씬 더 많이 들어 있었거든. 아까 말했잖아. 서쪽은 해빙이 적은 곳이라고. 바다표범을 사냥하기 힘들어진 북극곰이 아마도 풀을 많이 먹은 모양이야. 하지만 바다표범 대신 풀이나 해초를 먹어서 얼마나 살을 찌울 수 있을까? 새로운 채식 식단이 북극곰에게 구원이 될까? 글쎄, 잘 모르겠어. 확실한 건 지금 북극곰이 예전과는 다른 장소에서 먹이를 찾고 있다는 거야. 새 둥지에서 알을 훔치고, 열매를 먹고, 순록을 사냥하고, 마을의 쓰레기를 뒤지고 있어. 혹시 북극 지역에 놀러 갔다가 쓰레기를 버릴 일이 생긴다면 조심해야 해.

그렇다고 북극곰에게 나쁜 일만 있는 건 아니야. 전에는 북극곰을 사냥하는 사람들이 많았거든. 그런데 1973년 이후로 여러 국가에서 북극곰 사냥을 금지했어. 그 결과 북극곰 개체 수가 증가하고 있는 것처럼 보여. 정확히 몇 마리가 살아가고 있는지 알 수는 없지만, 대략 2만에서 3만 마리 정도가 사는 것으로 추정하고 있어. 그러니까 북극곰이 당장 멸종하지는 않을 거야. 그렇지만 그들의 삶은 점점 힘들어지겠지. 북극흰갈매기처럼 더 도망칠 북쪽이 없으니까. 북극곰이 좋아하는 시원한 날씨는 발아래 얼음이 녹듯이 사라지고 있어. 북극곰이 좋아하는 먹이도 마찬가지야.

북극 지역에 사는 거의 모든 동물이 힘든 시기를 보내고 있어. 바다표범은 해빙 위에서 생활하는데, 얼음이 점점 줄어들고 있어. 새끼 바다표범이 생존하기 위해서는 눈으로 만든 동굴이 필요한데, 눈도 점점 사라지고 있지. 그들은 물고기를 먹는데, 물고기는 북쪽으로 이동하고 있어. 물고기는 크릴새우를 먹고 살아. 크릴새우는 플랑크톤을 먹고 살지. 플랑크톤은 해빙과 바다가 맞닿은 곳에서 잘 자라는데, 해빙이 없어지니까 플랑크톤도 줄어들겠지. 그래서 물고기들이 떠나는 거야. 모든 생물은 먹이 사슬로 연결되어 있잖아. 앞으로 바다표범의 삶도 점점 힘들어질 거야. 기후 변화가 그들을 도울 확률은 너무나 낮지. 북극곰이 정말로 멸종한다면, 그나마 바다표범에게는 희소식이 될 수 있겠네. 천적이 사라지는 거니까. 다른 문제에 더 집중할 수 있겠지.

바다표범뿐만이 아니야. 바다코끼리, 북극여우, 흰기러기들의 삶도 힘겨운 건 마찬가지니까. 순록도 빼놓을 수 없지. 수백만 마리였던 순록의 개체 수가 점점 줄어들고 있어. 이것도 기후 변화와 관련이 있어. 순록은 먼 거리를 이동해. 그 과정에서 수많은 강을 건널 수밖에 없어. 얼음이 녹으면서 순록이 건널 수 없는 강이 늘어나고 있어. 더 심각한 건 어는 비야. 순록은 이끼를 먹고 살아. 이끼가 눈 속에 파묻혀 있어도 그들은 냄새로 이끼를 찾을 수 있어. 그런데 요즘 눈 대신 어는 비가 자주 내려. 이름에서 알 수 있듯이 어는 비는 땅에 떨어지자마자 얼어붙는 비야. 어는 비가 내리면 이끼 위에 얼음층이 만들어지고, 그러면 순록은 이끼 냄새를 맡지 못해. 어는 비가 자주 내리면 순록은 굶어 죽게 되겠지.

순록의 불행이 더욱 안타까운 것은, 그들이 기후 변화에 도움을 줄 수 있기 때문이야. 스웨덴 대학의 연구원들은 대규모 순록 떼가 햇빛 반사에 영향을 줄 수 있다는 사실을 발견했어. 어두운색은 밝은색보다 더 많은 열을 흡수하잖아. 기억하지? 실제로 순록이 서식하는 지역은 다른 지역보다 밝아. 왜냐하면 어두운색 덤불 이파리를 순록이 다 먹어 버리니까. 그래서 다른 지역보다 온도가 덜 올라간다고 해. 순록이 많아진다면 북극곰, 바다표범, 북극여우 들의 생활에는 조금 도움이 되겠지? 어쩌면 유카에게도!

조슈아나무를 위한 기도

너희 집 마당이나 베란다 화분에 유카나무가 있을지도 몰라. 어쩌면 그게 유카 브레비폴리아일지도 모르지. 그렇다면 넌 이 식물을 아주 잘 돌봐야 해. 왜냐하면 이 친구들은 지금 무척이나 힘든 시간을 보내고 있거든. 이 야생 유카는 미국 남서부의 사막에서만 자라는 식물이야. 19세기, 신앙심이 깊은 미국인들이 마차를 타고 사막을 가로지를 때 이 나무를 처음 보았어. 그들은 나무의 모양을 보고 선지자 여호수아를 떠올렸어. 뻗어 있는 나뭇가지가 마치 자기들에게 길을 알려주는 여호수아의 팔처럼 느껴졌거든. 그때부터 사람들은 이 나무를 여호수아나무라고 불렀어. 미국식으로 발음하면 조슈아나무야. 조슈아나무 군락지는 국립공원으로 지정될 만큼 멋진 풍광을 자아내는 곳이야. 하지만 이번 세기가 끝나기 전에 조슈아나무가 모두 사라질 수도 있다고 해.

조슈아나무는 더위와 가뭄을 잘 견뎌. 안 그랬다면 사막에서 살아남지 못했을 테니까. 큰비가 한 번만 와도 조슈아나무는 일 년 이상을 버틸 수 있어. 땅 아래로는 뿌리가 몇 미터 깊이로 뻗어 있어서, 수분을 최대한 흡수할 수 있지. 하지만 기후는 점점 예측할 수 없게 변해가고 있어. 가뭄 때문에 화재가 자주 발생하고, 비가 오지 않는 날들이 늘어나고 있지. 높은 온도 때문에 그나마 있던 물도 빨리 증발해 버려. 이런 날씨가 계속된다면 어린 조슈아나무는 살아남지 못할 거야.

조슈아나무는 캘리포니아멧토끼와 들다람쥐에게 없어서는 안되는 식물이야. 가뭄이 오래 지속되면 그들은 조슈아나무 줄기에 이빨을 꽂아 생존에 필요한 물을 얻어. 조슈아나무가 죽으면 이 작은 생물들도 사라지겠지. 그럼 여우나 코요테, 맹금류도 슬퍼할 거야. 다람쥐, 토끼, 쥐를 사냥할 수 없다면 그들도 살아남을 수 없을 테니까. 한 종의 나무가 다른 동물들에게 어떤 영향을 끼치는지 알겠지? 그러니까 조슈아나무를 위해 기도하자!

이번 세기 말이 되면, 90%의 조슈아나무가 사라질 거라는 예측이 있어. 그렇다고 조슈아나무가 반드시 멸종할 거라는 얘기는 아니야. 어쩌면 고지대나 북쪽으로 올라가는 방법이 있을 수도 있겠지. 한때 거대 땅늘보인 메가테

리움이 조슈아나무 씨앗을 옮겨 주기도 했어. 나무의 씨앗을 먹고 돌아다니다가, 다른 지역에다 똥을 싸는 거지. 싹을 틔운 어린 조슈아나무는 똥에서 나오는 거름을 먹고 무럭무럭 자라겠지. 하지만 메가테리움은 빙하기 이후로 사라졌어.

마지막 황금두꺼비

마지막 도도새, 마지막 매머드, 마지막 티라노사우루스를 직접 만난다면 어떨까? 그 친구가 죽고 나면, 이 세상에서 그들을 볼 수 있는 기회가 영영 사라지는 거잖아. 이 동물들이 멸종했을 때는 주변에 사람이 없었어. 하지만 황금두꺼비가 멸종했을 때는 그걸 지켜보던 사람이 있었지. 양서류 전문가인 마사 크럼프Martha Crump였어.

황금두꺼비는 1966년 코스타리카의 산에서 발견된 두꺼비야. 다른 곳에서는 볼 수 없는 고유종이었지. 그들은 일 년 내내 운무림에서 숨어 지내다가, 장마철이 되면 짝짓기를 하기 위해 모습을 드러내. 1987년 4월 15일, 마사 크럼프는 이들의 짝짓기를 직접 보았어. 마사는 힘겹게 산을 올라 황금두꺼비의 서식지를 찾아갔어. 비틀린 나무들 사이에 얕은 연못이 몇 개 있었는데, 그 주변 진흙 속에는 수백 마리의 황금두꺼비 수컷이 앉아서, 암컷을 유혹하기 위해 최선을 다하고 있었지. 짝짓기는 며칠 동안 계속되었어. 황금두꺼비는 하나둘씩 나무들 사이로 사라지고, 연못에는 수천 개의 알이 남았어.

마사도 그곳에 남았어. 마사는 연못이 마르고, 알이 쪼그라드는 것을 지켜보았어. 그런데 황금두꺼비들도 그걸 알고 있었나 봐. 정말 신기하게도, 황금두꺼비들이 다시 나타났어. 그리고는 짝짓기 과정을 처음부터 다시 시작했어. 마사는 열 군데의 연못에서 무려 43,000개의 알을 발견했어. 그러나 일주일 만에 물은 또 말라 버렸지. 1년 뒤, 마사는 황금두꺼비 서식지를 다시 찾아왔어. 며칠 동안 수색을 한 끝에 외로운 황금두꺼비 수컷을 한 마리 만났어. 몇 주 동안 그들을 찾아 헤맸지만 끝내 황금두꺼비 무리는 보지 못했어. 이듬해 그곳을 다시 찾았을 때, 마사는 같은 장소에서 황금두꺼비 수컷을 또 만났어. 작년에 만나던 그 황금두꺼비일까? 어쨌거나 그 친구가 마지막 황금두꺼비였어. 이후로 더는 황금두꺼비가 보이지 않게 되었으니까.

네가 마지막 황금 두꺼비구나!

마사 크럼프
생태학자

황금두꺼비의 멸종은 뉴스에 크게 보도되었어. 기후 변화로 인해 멸종한 것이 확실한 동물이라고 말이야. 지구 온난화로 운무림에 구름이 끼지 않게 되면서 연못이 빨리 말라 버렸던 거야. 황금두꺼비의 피부는 너무 연약해서 햇빛을 잘 견디지 못해. 구름이 그들을 보호해 주고 있었지. 하지만 건조한 날씨 때문에 구름이 걷히게 되었고, 황금두꺼비는 사라졌어.

몇 년 뒤, 그들의 멸종에 대한 다른 의견이 제시되었어. 엘니뇨의 영향이었을 것이다, 질병 때문이었을 것이다, 곰팡이 때문이었을 것이다……. 그런데 엘니뇨, 질병, 곰팡이가 정말 기후 변화와 아무런 관련이 없을까? 어떤 동물이 멸종했을 때 기후 변화가 유일한 원인이라고 말할 수는 없어. 당연히 다른 이유가 함께 끼어 있겠지. 그렇다고 해서 기후 변화에 책임이 없다고 말할 수는 없는 거잖아.

2016년, 브램블케이멜로미스Bramble Cay Melomys가 멸종되었다는 기사가 신문을 장식했어. 기후 변화로 인한 최초의 포유류 멸종 사례라고 말이야. 브램블케이멜로미스는 축구장 6개 크기밖에 안 되는 작은 섬에서 살고 있었어. 개체 수는 수백 마리 정도였지. 그런데 바닷물이 상승하기 시작했어. 식물이 줄어들고, 먹이도 줄어들었어. 폭풍우도 너무 자주 쳤지. 과학자들이 온갖 방법을 동원해 그들을 찾으려고 노력했지만, 더는 멜로미스가 발견되지 않았어.

작은 섬에 몰려 사는 건 그래서 위험해. 네가 죽으면, 네 종족은 거기서 끝나는 거니까. 브램블케이멜로미스가 멸종한 것도 그리 놀라운 일은 아니지. 북극곰, 코끼리, 바다거북에게는 그래도 시간이 좀 남았어. 물론 이들의 미래도 불투명한 건 마찬가지지만 말이야. 너도 알다시피 한 종이 멸종하면, 다른 종에도 영향을 미칠 수밖에 없으니까.

남쪽에서 온 생물들

몇몇 서유럽 국가에 갑자기 새로운 개미가 나타났어. 보도 아래에 굴을 파고, 먹이를 찾기 위해 집 안으로 기어들어 오고, 뒷마당을 치지하고는 다른 개미들을 밀어내고 있지. 이들도 다른 개미처럼 진딧물과 공생 관계야. 진딧물은 이들이 먹고 싶어 하는 끈적끈적한 단물을 만들어 내거든. 하지만 이 끈적끈적한 물질은 식물을 질식시키고, 자동차를 더럽혀. 게다가 이 개미는 너를 물 수도 있어. 등을 비틀고 흔들어서 독성 물질을 뿜어내기도 해. 이 개미가 대체 누구냐, 바로 타피노마니거리뭄Tapinoma nigerrimum이야.

지중해 주변에 살던 타피노마니거리뭄이 이제 북유럽에서도 발견되고 있어. 아마 남쪽에서 수출한 원예 식물에 실려서 국경을 넘었을 거야. 짝짓기를 마친 여왕개미 한 마리만 살아남아도, 여왕개미는 새로운 곳에서 거대한 집단을 형성할 수 있어. 게다가 남유럽에 있는 그들의 천적이 북유럽에는 존재하지 않아. 기후 변화 때문에 북유럽의 추위도 견딜 만해졌지. 네덜란드와 벨기에의 거리에 개미구멍이 많아지고, 보도가 점점 내려앉는 이유가 바로 그거야.

크르르릉

개미보다 서유럽 아이들을 긴장시키는 친구가 있는데, 바로 긴호랑거미야. 긴호랑거미는 원래 지중해에서만 서식했는데, 최근 몇 년 동안 꾸준히 북쪽으로 올라오고 있어. 물론 1세기 전에도 벨기에에서 긴호랑거미가 발견된 적이 있어. 그러니까 기후 변화가 아니더라도 어쨌거나 그들은 국경을 넘었을 거야. 하지만 한꺼번에 그렇게 많은

흔들어!

수가 이동하지는 않았겠지. 선명한 줄무늬 때문에 긴호랑거미는 금방 눈에 뜨여. 곤충이 이런 문양을 갖는 건 상대를 겁주기 위해서야. 그런데 실제로는 그렇게 무섭지 않아. 긴호랑거미는 물어도 별로 아프지 않거든.

사람들이 정말 조심해야 할 건 참나무행렬나방 애벌레Oak Processionary Caterpillar야. 이 친구들도 기후 변화 때문에 점점 북쪽으로 이동하고 있어. 이제는 잉글랜드나 스웨덴에서도 참나무행렬나방 애벌레를 볼 수 있어. 나방이 되기 전 애벌레는 친구들과 함께 참나무 위에 옹기종기 모여 앉아. 그리고 나무를 완전히 벌거숭이로 만들어 버려. 덥고 건조한 여름에 참나무행렬나방 애벌레는 참나무에게는 역병과도 같은 존재야. 그리고 참나무행렬나방 애벌레의 털이 사람 피부에 닿으면 가려움증을 일으키는데, 때로는 심한 염증이나 구토, 호흡 곤란을 일으키기도 한대. 참나무행렬나방 애벌레는 털을 화살처럼 쏠 수도 있어. 때때

로 바람에 날려 가기도 해. 애벌레를 직접 만지지 않아도 가려움증을 느낄 수 있다는 말이야.

진드기, 타피노마니거리뭄, 긴호랑거미와 마찬가지로 참나무행렬나방 애벌레도 따뜻해지고 있는 북유럽 날씨를 즐기고 있어. 이 친구들은 원래 남부 유럽, 혹은 동부 유럽에서 살았어. 그곳에는 참나무행렬나방 애벌레의 천적인 딱정벌레와 새가 많아서, 이렇게까지 개체 수가 늘어나지 않아. 다행히 박새가 이런 종류의 애벌레를 좋아해서 사냥하기도 하지만, 역부족일 때가 많아. 벨기에에서는 횃불을 든 군인이 애벌레 퇴치에 나서기도 하고, 잉글랜드에서는 방호복과 방독면을 쓴 사람들이 애벌레를 처리하기도 해. 진공청소기 같은 걸로 애벌레를 빨아들인 다음, 뜨거운 열로 태워버리는 거지.

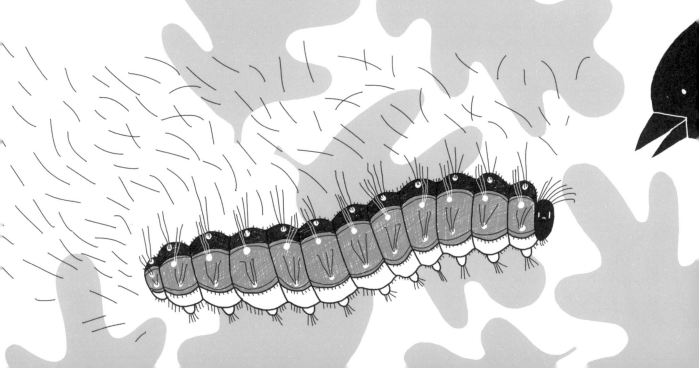

창백한 산호

어쩌면 네 방에는 바닷가에 놀러 갔다가 주워 온 조개껍
데기가 몇 개 있을지도 몰라. 너무나 소중해서 꼭 간직해
야 할 조개껍데기가 아니라면, 그걸 가지고 간단한 실험
을 해 볼 수 있어. 유리컵에 식초를 붓고, 조개껍데기를
그 안에 담근 다음, 며칠 놓아둬. 실험이 성공적이었다면,
며칠 뒤 유리병에는 아무것도 남아 있지 않을 거야. 조개
껍데기는 식초 같은 산성 물질을 좋아하지 않아. 산성은
탄산칼슘을 녹이는 성질이 있거든. 그런데 조개껍데기를
만드는 게 바로 탄산칼슘이야. 산호, 플랑크톤, 게, 바닷가
재도 마찬가지지.

다행히 바닷물은 식초가 아니야. 그렇지만 공기 중으

로 방출된 CO_2 대부분이 바다로 흡수되고 있다고 했잖
아. 안 그러면 대기 중 CO_2의 양이 훨씬 많아졌을 거야.
어쨌거나 바다에 흡수된 CO_2가 지금 뭘 하고 있는지 알
아? CO_2는 물에 녹아서 탄산을 포함한 물질을 만들어. 콜
라 같은 탄산음료에서 거품을 내는 게 바로 탄산이야. 산
업 혁명 이후로 바닷물이 30퍼센트나 더 산성화되었다고
해. 산성 물질이 탄산칼슘에 어떤 영향을 미치는지 아까
실험에서 잘 봤지? 불쌍한 조개, 산호, 플랑크톤, 게, 바닷
가재…… 아니 모든 해양 생물…… 왜냐하면 바다의 모든
생명체는 플랑크톤 같은 작은 동식물에 의존해서 살아가
기 때문이야. 그리고 인간을 포함한 많은 육지 동물들이
그런 해양 생물에 의존해서 살아가고 있지.

전 세계의 바다가 고통받고 있어. 그중에서도 자주 언급되는 곳은 바로 호주의 대산호초야. 그럴 만도 한 것이 대산호초는 정말 아름답고, 무척 거대하고, 무엇보다 많은 동식물에게 아주 중요한 장소니까. 그런 대산호초가 요즘 몸살을 앓고 있어. 단지 산성화 때문만은 아니야. 수온도 한몫하고 있지. 산호는 식물처럼 보이지만 동물이야. 산호충이라는 작디작은 개체가 모여서 산호를 형성하는데, 산호충이 죽어도 그들이 만든 탄산칼슘 골격은 그대로 남아. 그 골격 위에 또 다른 산호충이 살아가고, 또 죽고, 그렇게 오랜 시간이 지나면 산호초가 만들어지는 거야. 그러니까 산호초는 거대한 해골 더미라고 할 수 있지. 산호 안에는 또 다른 생명체인 조류가 살아가고 있어. 둘은 공생 관계인데, 산호는 조류에게 서식지와 CO_2를 제공하고, 조류는 광합성을 통해 얻은 영양분과 산소를 산호에게 나눠 줘. 그런데 조류는 좀 민감한 생물이야. 산호도 그렇지만 이 친구들도 산성화된 바닷물을 싫어해. 그리고 따뜻한 물도 별로 좋아하지 않아. 바닷물이 2도만 올라가도 조류는 독성 물질을 내뿜어. 이걸 감지한 산호는 조류를 토해 내. "잘 가!" 조류가 떠나고 나면 산호

는 색을 잃고 창백해져. 사실 산호의 알록달록한 색은 조류가 만들어 내는 거야. 조류가 없다고 산호가 당장 죽는 건 아니야. 한동안은 조류 없이 살아가겠지. 그렇지만 그런 상황을 오래 견딜 수는 없어. 수온이 내려가지 않으면 조류는 돌아오지 않을 테고, 그러면 산호는 죽게 될 거야. 점점 높아지는 수온은 대산호초에 심각한 위협이 되고 있어. 이런 백화 현상이 계속된다면 많은 다이버, 스노클러, 낚시꾼 그리고 무엇보다 그곳에 사는 수백만 동식물은 슬퍼할 수밖에 없을 거야.

이 와중에 두족류는 촉수를 비비고 있어. 오징어나 문어와 같이 다리가 머리에 달린 연체동물을 두족류라고 해. 그들이 즐거워하는 이유는 바다에서 천적이 점점 사라지고 있기 때문이야. 인간의 어업 때문이지. 두족류의 행운은 어쩌면 기후 변화와 관련이 있을지도 몰라. 두족류는 새로운 환경에 아주 빠르게 적응할 수 있고, 먹는 것도 까다롭지 않거든. 그러니까 산호초가 죽거나, 먹이 사슬 어딘가에 구멍이 난다고 해도 그들이 나서서 그 틈을 재빠르게 메울지도 몰라.

산호충
조류
죽은 산호의 뼈대

8· 수소와 곤충 버거

▶ **이 장에서 우리가 읽을 내용은……**

- 생각보다 훨씬 더 나쁠 수 있다는 것

- 수상 가옥의 장점에 대해

- 네가 할 수 있는 일이 뭔지

- 딸기가 어떻게 사계절 과일이 되었는지

- 비행기에서 스낵바 냄새가 나는 이유

- 배기관이 과거의 유물이 되어가고 있는 이유

■ **짧게 말해서: 기후 변화의 대처 방안에 대해**

이건 시작에 불과해

산업 혁명 이후 너무나 많은 CO_2가 대기 중으로 방출되었고, 온도도 1도 상승했어. 이전의 온도 변화와 비교해 보면 너무나 빠른 거지. 게다가 이번 세기에 몇도 더 오를 거라고 해. 이건 기후를 완전히 바꿔 놓을 거야. 폭풍우는 더 거세지고, 폭염은 더 오래 지속되겠지. 해수면은 44~101센티미터 상승할 거야.

이 예측은 2022년에 나온 IPCC 보고서에 따른 거야. 다음에 나올 보고서를 보면 좀 더 정확한 예측이 가능해지겠지. 특히 해수면이 2100년까지 1~2미터 더 오를 거라는 예측도 나오고 있어.

지구 온난화가 과소평가되었을 가능성노 있어. 들어 봐. CO_2와 함께 다른 입자들도 공기 중으로 방출되는데, 이 입자들은 햇빛을 차단하는 역할을 해. 앞으로 우리가 석탄을 덜 태운다면, 입자들이 덜 방출될 것이고, 그럼 태양이 지구를 더 잘 데울 수 있겠지. 그러면 지구 온난화는 훨씬 빨리 진행될 거야. 대기 오염에 잘 대처하는 국가들은 이미 그 차이를 인식하고 있다고 해.

기후 변화는 사람, 동물, 식물 모두에게 영향을 미쳐. 가난한 사람들은 부자인 사람들보다 기후 변화로 인한 고통을 더 많이 겪게 될 거야. 이동이나 적응이 어려운 동식물도 그렇지 않은 동식물에 비해 힘든 경험을 하게 되겠지. 하지만 지구의 모든 생명체는 먹이 사슬로 연결되어 있어. 하나의 결과가 다른 결과를 만들어 낼 테고, 또 그 결과가 또 다른 결과를 가져올 거야. 그러니까 이 모든 것의 결과를 예측하는 것은 너무나 어려운 일이야.

지금 우리가 보고 있는 것들은 시작에 불과해. CO_2의 고약한 습성 중 하나는 사라지는 데 수백 년이 걸린다는 점이야. 그러니까 우리는 오늘 배출된 CO_2뿐만 아니라, 지난 수 세기 동안 배출된 CO_2와도 싸워야 해. 그동안 존재했던 모든 공장, 모든 자동차, 모든 발전소, 모든 비행기, 모든 로켓에서 나온 CO_2가 공기 중에 있어. 너희 할머니와 할아버지가 타고 다녔던 증기 기관차가 내뿜은 CO_2도 포함되어 있지. 더욱이 CO_2는 매일 추가되고 있어. 오늘날 우리가 배출하는 CO_2 때문에 우리 자녀의 자녀가 고통을 받을 거야. 증기 기관차가 내뿜은 CO_2와는 비교할 수 없는 양이지. 우리가 대체 이 CO_2에 대해 뭘 할 수 있을까?

두 가지 방법이 있어. 결과에 잘 대처하거나, 원인을 제거하거나! 둘 다 쉽지 않고, 비용이 많이 드는 일이야. 어쨌거나 우리는 결과에 맞서 싸우면서 미래를 준비하고, 원인을 해결함으로써 지구 온난화를 억제해야 해.

미래를 위한 준비

전 세계의 건축가, 엔지니어, 정치인 들이 네덜란드를 방문하는 이유는 네덜란드가 물을 어떻게 관리하고 있는지 보고 배우기 위해서야. 네덜란드는 국토의 절반이 해수면보다 낮기 때문에, 바닷물을 막는 방법을 어느 나라보다 잘 알고 있어. 이곳을 방문한 사람들은 대부분 뉴욕, 자카르타, 상하이 같은 큰 해안 도시에서 왔어. 태풍이나 홍수 같은 일이 발생했을 때, 주민을 보호하기 위해 뭘 할 수 있을까 궁금한 거지. 네덜란드의 관련 회사들은 자부심을 느끼며 기쁘게 투어를 진행하고 있어. 투어는 대부분 로테르담과 그 주변 지역을 둘러보는 일정으로 짜여 있어. 어려운 질문만 하지 않는다면, 너도 따라와도 돼.

먼저 수상 가옥을 한번 둘러볼까? 이곳에 사는 사람들에게 수위는 전혀 문제가 되지 않아. 집들은 최근에 지어졌고, 완성된 다음에 이곳으로 옮겨졌어. 각각의 집들은 해안에 고정된 밧줄로 연결되어 있어. 물이 오르거나 내리거나, 수위에 따라 집도 함께 오르락내리락하는 거지.

난 고무장화 신었어!

이제 로테르담의 기후 방지 지구에 있는 벤템플레인 광장Benthemplein으로 가 보자. 우리는 운이 좋아. 며칠 동안 비가 많이 왔거든. 그래서 물에 찬 벤템플레인 광장을 볼 수 있게 되었어. 도시에 비가 많이 내리면 불어난 물이 갈 곳이 없어. 콘크리트와 아스팔트가 땅을 뒤덮고 있으니까 땅으로도 흡수가 잘 안 되지. 하수도가 있지만 한꺼번에 많은 물을 처리할 수는 없어. 그래서 거리가 범람하는 거야. 폭우가 내릴 때 어디선가 물을 잡아 둘 수 있다면, 하수구가 물을 처리할 시간을 벌어줄 수 있겠지? 그게 바로 벤템플레인 광장이 하는 일이야. 벤템플레인 광장은 계단이 있는 넓은 구덩이처럼 생겼어. 광장이 말랐을 때는 사람들이 와서 농구도 하고, 스케이트도 타. 그야말로 광장이지. 그러다가 비가 많이 오면 벤템플레인 광장은 저수지로 변해. 그렇게 거리가 범람하는 걸 막아주는 거야.

이번에는 버스를 타고, 엔트라그츠폴더로 갈 거야. 모두가 창문에 얼굴을 대고 있네. 그 유명한 네덜란드 간척지 풍경이 펼쳐지고 있으니까. 잠시 뒤, 다들 버스에서 내려서 제방을 따라 걸어.

"여러분, 환영합니다. 이곳은 해수면에서 5미터나 아래에 있는 곳이랍니다." 투어 가이드가 말하자, 몇몇 방문객이 제방을 걱정스러운 눈빛으로 바라봐. 네덜란드 사람들은 계속해서 제방을 높이는 걸 원치 않아. 그건 공간도 많이 차지하고, 비용도 많이 드니까. 게다가 제방을 높인다고 강물의 수위가 더 낮아지는 것도 아니거든. 비가 많이 내리면 로테강이 범람해. 기후 변화 때문에 그런 일이 더 자주 일어나고 있어. 그래서 엔트라그츠폴더를 대형 물탱크처럼 이용하기로 한 거야. 비상 상황이 발생하면 문이 열리고, 로테 강물이 엔트라그츠폴더로 흘러 들어가. 그곳에는 사람이 살지 않으니 범람해도 아무런 상관이 없지.

다시 버스에 올라타자. 이번에는 이동 시간이 좀 기니까, 그동안 염류화 현상에 대해 말해 줄게. 잠들면 안 돼! 해안 지역 농경지에서는 시간이 갈수록 염수로 인한 문제가 많이 발생하고 있어. 염수 위에 담수 층이 있다면 식물이 자라는 데는 별문제가 없어. 그러나 더위는 민물을 빨리 증발시키고, 해수면 상승으로 인한 염수는 증가하고 있어. 과학자들은 염수를 줄이고, 담수의 수위를 유지하기 위한 방법들을 찾고 있어. 또한 염수에서 자랄 수 있는 채소도 연구하고 있지. 스타티스Statice나 샘파이어Samphire 같은 식물 말이야(바다 콩, 바다 아스파라거스로 알려져 있기도 해).

사람들이 갑자기 왼쪽으로 고개를 돌렸어. 그곳에는 거대한 흰색 구조물이 있어. 바로 매스란트케링Maeslantkering이라고 불리는, 세계에서 가장 큰 이동식 해일 방벽이야. 버스는 한 바퀴 돈 다음 주차장에 정차했어. 밖으로 나가 볼까? 두 개의 거대한 구조물이 우리를 맞아 주고 있어. 가이드가 설명을 시작했지. 구조물의 길이는 에펠탑을 눕혀놓은 것과 같다고 해. 각 구조물에는 아주 견고한 장벽이 붙어 있는데, 수위가 높아지면 장벽이 닫히면서 로테르담 주변의 150만 명의 시민들을 보호하는 역할을 해.

네덜란드 사람들은 더 나은 대처 방안도 생각하고 있어. 기후 변화가 심해지면 매스란트케링을 자주 닫아야 할 거야. 그렇지만 이렇게 큰 구조물을 계속 열었다 닫았다 하다 보면 문제가 생길 수도 있어. 누군가 실수를 할 수도 있고, 제방이 무너질 수도 있잖아. 그럼 어떻게 할까? 그들은 사람들이 자기가 사는 곳의 홍수 발생 가능성이 얼마나 큰지 확인할 수 있는 사이트를 만들었어. 주소를 입력하면, 제방이 무너졌을 때 자기 동네의 수위가 얼마나 높아질지, 또 어떻게 대처하면 좋을지 알려 줘. 무작정 탈출을 시도하는 건 위험할 수 있거든. 도로가 막힐 테고, 물이 더 빠르게 차오를 수 있으니까. 집에 머문다고 해도, 며칠 동안은 살아남을 수 있는 필수품이 필요하겠지. 그렇다면 기후 변화의 원인을 제거하는 게 낫지 않을까? 온실가스를 더 적게 배출하는 게 어떨까? 하지만 어떻게?

우리가 할 수 있는 일

문을 닫자. 불을 끄자. 일반 전구를 사용하는 대신 에너지 절약 전구를 사용하자. 에너지 절약 전구 대신 LED 조명을 사용하자.  난방기의 온도를 낮추자. 스웨터를 입자.

커튼을 치자. 일찍 잠자리에 들자. 샤워를 너무 오래 하지 말자. 샤워를 너무 자주 하지 말자. 절수형 샤워기를 사용하자. 샤워를 함께 하자. 물을 끓일 때는 필요한 만큼만 끓이자.

집의 단열에 더 신경 쓰자. 이중창을 설치하자. 태양 전지판을 구하자. TV를 끄자. TV 플러그를 빼자. 플레이스테이션 플러그를 빼자. 컴퓨터 플러그를 빼자.

자동차를 타지 말자. 자전거를 타자. 버스로 이동하자. 기차로 여행하자. 비행기는 잊어버리자.

아이를 갖지 말자. 나무를 심자. 병에 담긴 물을 사지 말고 수돗물을 마시자. 제철 채소를 먹자. 제철 과일을 먹자. 곤충 버거를 먹자. 고기를 적게 먹자. 반추 동물을 적게 먹자. 지역에서 생산된 스테이크를 먹자. 스테이크를 아예 먹지 말자. 치즈를 적게 먹자.

유제품을 적게 먹자. 유제품을 아예 먹지 말자. 태양열 충전기를 사용하자. 재사용 가능한 배터리를 사용하자. 꼭 필요한 게 아니라면 새 물건을 사지 말자. 수리가 가능한 것이라면 함부로 버리지 말자. 전력량계를 사용하자. TV는 여럿이 한 화면으로 같이 보자.

휴대폰 화면 밝기를 낮추자. 블루투스를 끄자. GPS를 끄자. 냉장고 문이 닫혀

있는지 확인하자. 데스크톱 컴퓨터 대신 노트북을 사용하자. 노트북 대신 태블릿을 사용하자.

 인쇄는 양면으로 하자. 인쇄를 하지 말자. 책은 도서관에서 빌려 보자.

지속 가능한 목재를 구입하자. 팜유가 들어간 초콜릿 스프레드를 먹지 말자. 팜유가 들

어간 쿠키를 먹지 말자. 팜유가 들어간 비누를 사지 말자. 헌 옷을 사자. 꽃다발

대신 화분을 선물하자. 이 책을 선물하자. 쓰레기를 분리하자. 진공청소기 대신 빗자루를 사용하자.

실외 히터를 사용하지 말자. 세탁기를 채워서 돌리자. 너무 뜨거운 물로 세탁하지 말자. 빨래

는 밖에서 말리자. 효율적인 가전제품을 구입하자. 먹을 수 있을 만큼의 음식만 구입하자.

하우스에서 재배한 과일과 채소를 먹지 말자. 멀리서 온 과일과 채소를 먹지 말자. 친환경

에너지를 사용하자. 그레타 툰베리의 기후 파업에 동참하자. 기후 변화를 심각하게 여기는 정당과 정치

인을 지지하자. 이 모든 것을 사람들에게 알리자!

여기에 쓰인 모든 것이 기후 변화를 막는 데 도움이 돼. 어때? 할 수 있겠어? 처음부터 다 해야겠다고 생각할 필요는 없어. 작은 것부터 시작하는 것도 방법이야. 네가 정말 할 수 있을 것 같은 일 세 가지를 골라 봐. 예를 들면, 고기 적게 먹기, 태블릿 사용하기, 샤워 자주하지 말기, 이런 건 어때? 시도하기 쉬운 일부터 실천해 보고 추가할 항목을 선택하는 거야. 그런데 고기를 덜 먹어야 하는 이유, 멀리서 온 음식이나 팜유가 들어간 음식이 왜 기후 변화에 나쁜지 알면 실천이 더 쉬워지겠지?

음식을 고를 때 생각해야 할 것들

소가 트림을 못 하게 하는 방법은 없을까? 입을 막으면 된다고? 그래도 메탄은 계속 만들어질 텐데? 그럼 트림이 가득 찬 소가 열기구처럼 둥둥 떠오를시도 몰라. 게다가 소만 트림을 하는 건 아니잖아. 다른 동물도 꽤 많은 양의 온실가스를 뿜어내고 있어.

소의 입을 틀어막는 것보다는, 소의 수를 줄이는 게 더 좋은 방법이야. 소를 죽이자는 말이 아니라, 태어날 소의 수를 줄이자는 거지. 그럼 어떻게 해야 할까? 고기와 치즈를 덜 먹으면 돼. 사람들이 소고기를 덜 먹으면, 농부는 소를 덜 키워도 될 거야. 네가 기후 변화에 조금이라도 도움이 되고 싶다면, 육류 섭취를 줄이면 돼. 특히 소고기, 양고기 같은 반추 동물의 고기를 줄이는 게 좋아. 이런 고기 대신 닭고기나 돼지고기를 먹는 게 기후 변화에는 도움이 돼. 물론 닭고기나 돼지고기 대신 곤충이나 채소를 먹는 것이 훨씬 좋겠지. 여기에는 여러 가지 이유가 있어.

소를 기르기 위해서는 너른 공간이 필요하고, 물과 에너지도 많이 필요해. 여기서 말한 공간이란 소를 기르는 축사를 말하는 게 아니야. 물론 그것도 필요하지. 그렇지만 사료 생산에 들어가는 땅에 비하면 그건 아무것도 아니야. 엄청나게 넓은 들판에서 소의 사료가 재배되고 있어. 농사를 위해서는 물이 필요하고, 에너지도 필요해. 연료를 먹는 농기구들이 씨앗을 뿌리고, 작물을 수확하고 있어. 한 접시의 스테이크가 만들어 내는 온실가스의 양을 알고 싶다면 이 모든 것을 계산에 넣어야 해. 소를 키우기 위한 땅에서 다른 작물을 재배한다면 더 많은 사람이 먹을 식량을 생산할 수 있어.

무엇을 사고 무엇을 먹을지 현명하게 선택한다면, 온실가스 배출을 줄일 수 있어. 요즘에는 팜유가 들어 있지 않은 제품도 많아졌어. 팜유는 기름야자에서 추출하는 식용유야. 이름은 생소할지 몰라도, 팜유가 들어간 제품을 찾는 건 별로 어려운 일이 아니야. 네가 슈퍼마켓에서 사는

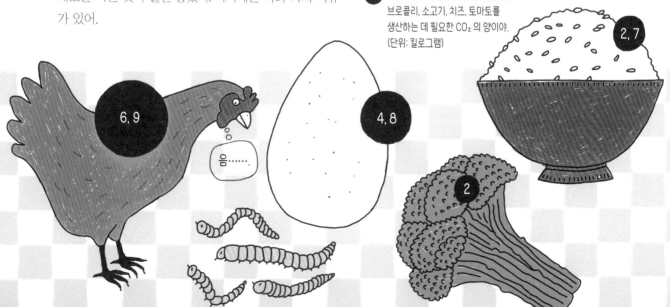

● 이건 1킬로그램의 닭고기, 계란, 쌀, 브로콜리, 소고기, 치즈, 토마토를 생산하는 데 필요한 CO_2의 양이야. (단위: 킬로그램)

초콜릿, 쿠키, 과자, 비누에도 팜유가 들어 있고, 가축 사료, 경유에도 팜유가 들어 있어. 팜유의 수요는 엄청나. 그래서 인도네시아나 말레이시아 같은 열대 국가에서는 팜유 농장을 계속 늘리고 있는 거야. 팜유 농장이 어떻게 만들어지는지 아니? 일단 나무를 베어 내야 해. 불을 지르기도 하지. 수많은 동식물의 보금자리인 열대 우림이 그렇게 사라지고 있어. 게다가 이 농장들은 이탄이 많은 지역에 있어. 이탄은 CO_2를 압축해 놓은 거잖아. 이탄이 노출되면 엄청나게 많은 CO_2가 공기 중으로 방출된단 말이야. 상황이 심각해지자 이들 정부에서는 숲을 보호하기 위한 법을 만들기 시작했어. 하지만 모두가 법을 잘 지키고 있을까?

딸기 좋아하니? 운 좋게도 요즘은 딸기를 쉽게 먹을 수 있어. 여름에는 말할 것도 없고, 겨울이 되어도 슈퍼마켓 선반에는 딸기가 있지. 겨울 딸기는 대체 어디서 왔을까? 따뜻한 지역에서 자라나 먼 여행을 한 거지. 딸기를 운반하기 위해 많은 CO_2가 공기 중으로 날아갔어. 온실에서 재배되는 지역 딸기도 있어. 어떤 딸기를 먹는 게 기후 변화에 도움이 될까? 생각할 시간을 10초 줄게. 째깍, 째깍, 째깍, 째깍, 째깍, 째깍, 째깍, 째깍, 째깍, 째깍. 자, 네 대답은 뭐야? 온실에서 자란 딸기라고? 땡! 온실에서 자란 과일이 더 많은 에너지를 소비해. 난방에 연료가 많이 들어가니까. 그래서 비행기를 타고 왔을지라도 따뜻한 나라에서 자란 딸기를 사 먹는 게 나을 정도야. 그 딸기가 비행기가 아닌 자동차로 왔다면 더 좋겠지. 가장 좋은 건 물론 봄이 될 때까지 기다렸다가, 지역에서 난 제철 딸기를 먹는 거야. 트럭이든, 비행기든, 배든 모든 운송에는 CO_2 배출이 꼬리표처럼 따라오니까.

난 갈게!

27

13,5

단백질?

1,1

튀김에서 비행까지

옛날 옛적에 탐험가, 해적, 상인 들은 단 1그램의 CO_2 배출도 없이 바다를 건넜어. 증기선과 모터보트가 발명된 이후에도 바람은 멈추지 않았지. 어떤 보트 제작업체는 CO_2 배출량을 줄이기 위해 갖가지 실험을 하고 있어. 엔진과 돛을 모두 갖춘 배를 만드는 거야. 다양한 돛의 모양이 개발되었고, 어떤 건 '이걸 돛이라고 할 수 있을까' 싶을 정도로 모양이 독특해. 갑판 위에 수직으로 서 있는 비행기 날개 모양인 것도 있어. 이런 돛은 구식 돛보다 효율적이고, 공간도 덜 차지한다고 해. 카이트 서핑 기능이 있는 화물선도 있어. 거대한 연을 100미터 이상 높이로 띄운 다음, 연이 배를 끌 수 있도록 하는 거지. 그렇게 하면 연료를 절약할 수 있어. 이런 걸 보면 기업들이 CO_2 배출량을 줄이기 위해 정말 노력하고 있구나 하는 게 느껴져. 갈수록 더 좋은 배들이 나오고 있다는 건 좋은 일이지.

에코라이너
* 바람 에너지를 이용한 네덜란드의 하이브리드 화물선

비행기도 마찬가지야. 항공권 예약 사이트에 들어가 보면, 정말 많은 비행기가 하늘을 날고 있다는 생각이 들어. 놀랄 일도 아니지. 항공권이 너무 싸니까. 단돈 200달러면 뉴욕에서 토론토까지 비행기를 타고 갈 수 있어. 그런데 그거 아니? 비행기는 같은 거리를 이동하는 버스나

기차보다 더 많은 CO_2를 내뿜어. 어쩌면 항공권값을 올리는 게 CO_2 방출을 줄이는 데 도움이 될지도 몰라. 그럼 사람들이 비행기를 덜 타게 될 테니까. 그렇지만 정부와 항공사는 어떻게든 더 많은 승객을 태우기 위해 노력하고 있어. 그래서 가격이 지금처럼 싸게 유지되는 거야.

그래도 일부 항공사는 깨끗한 에너지원을 찾으려고 노력하고 있어. 전기 비행기를 만들면 어떨까? 그런데 문제가 있지. 하늘에는 콘센트가 없잖아. 필요한 모든 에너지를 배터리에 충전해야 해. 충전해야 하는 에너지가 많을수록 배터리가 무거워지고, 그럼 비행기도 무거워지겠지. 비행기가 무거워지면 더 많은 에너지가 필요해. 이 모든 걸 해결하려면 어떻게 해야 할까? 배터리가 먼저 가벼워져야 해.

전기보다는 바이오 연료로 대체하는 것이 지금으로서는 그나마 나은 해결책이야. 예를 들면, 튀김하고 남은 기름을 바이오 연료로 사용할 수 있거든. 혹시 로스앤젤레스에서 비행기를 탈 때, 비행기 엔진에서 스낵바 냄새를 맡은 적이 있니? 그곳에는 폐식용유를 비행기용 등유로 바꾸는 현지 공장이 있어. 그렇다면 왜 튀김 기름을 태우는 게 석유에서 뽑은 등유를 태우는 것보다 나을까? 그건 식용유가 식물에서 왔기 때문이야. 식물은 살아 있을 때 많

은 CO₂를 흡수했어. 그러니까 그걸 다시 태우더라도, 어차피 있던 CO₂가 다시 방출되는 거잖아. 화석 연료처럼 땅속에 있던 CO₂를 공기 중에 뿜어내는 것과는 달라.

그렇지만 비행기는 엄청난 에너지를 먹어 치우는 운송 수단이야. 인구가 증가하고, 사람들이 부유해질수록 비행기를 타는 인구도 늘고 있어. 그래서 국제 항공 운송 협회 IATA는 2050년까지 CO₂ 배출량을 '0'으로 만들겠다는 탄소 중립 선언을 했어. 항공사마다 조금씩 다르지만 CO₂ 배출을 상쇄하는 제도를 도입해 운영하고 있어. 예를 들어 CO₂를 배출한 만큼 숲을 조성하거나 태양 전지판을 구매하는 등 CO₂ 감축에 필요한 금액을 기부하는 방식이야. 너도 한번 해 보면 어때? 만약 밴쿠버에서 플로리다로 가는 항공권을 샀다면, 다섯 그루의 나무를 심는 거야. 물론 나무도 심고, 비행기도 안 타면 더 좋겠지. 이번 여름 방학에는 멀리 여행을 가는 대신 친구들이랑 나무를 심어 보는 거야. 어때?

전기 자동차

얼마 전까지만 해도 모든 전화기는 줄에 묶여 있었어. 스마트폰만 보던 아이들이 유선 전화기를 본다면 아마 우스꽝스럽다고 생각할 거야. 20년 뒤, 우리 아이들은 배기관이 달린 자동차가 이상하다고 생각할지 몰라. 경유와 휘발유로 굴러가던 자동차의 시대는 이미 지났을 테니까. 20년 뒤에는 배기관이 있는 자동차가 유선 전화기처럼 구식이 되어 버릴 거야. 이건 내 생각이 아니야. 거의 모든 전문가가 하는 얘기지. 전기 자동차가 우리의 미래다! 남은 질문은 하나밖에 없어. 바퀴를 굴리는 것이 배터리입니까, 아니면 연료 전지입니까?

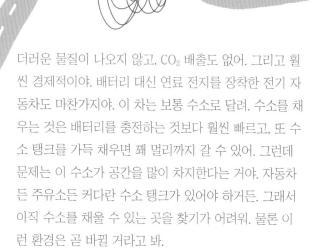

네가 지금 도로에서 볼 수 있는 전기 자동차는 대부분 배터리로 구동되는 거야. 배터리를 충전하려면 휴대폰과 마찬가지로 자동차를 충전기에 연결해야 해. 전기 자동차 충전은 휘발유를 채우는 것보다 시간이 훨씬 오래 걸려. 그리고 배터리를 가득 충전해도, 휘발유가 가득 든 차만큼 멀리 가지 못해. 그러나 전기 자동차에는 배기관이 없지.

더러운 물질이 나오지 않고, CO_2 배출도 없어. 그리고 훨씬 경제적이야. 배터리 대신 연료 전지를 장착한 전기 자동차도 마찬가지야. 이 차는 보통 수소로 달려. 수소를 채우는 것은 배터리를 충전하는 것보다 훨씬 빠르고, 또 수소 탱크를 가득 채우면 꽤 멀리까지 갈 수 있어. 그런데 문제는 이 수소가 공간을 많이 차지한다는 거야. 자동차든 주유소든 커다란 수소 탱크가 있어야 하거든. 그래서 아직 수소를 채울 수 있는 곳을 찾기가 어려워. 물론 이런 환경은 곧 바뀔 거라고 봐.

배터리로 가든, 수소로 가든 전기 자동차에는 배기관이 없고, CO_2도 나오지 않아. 하지만 전기 자동차도 어디선가 에너지를 가져와야 하겠지. 배터리를 충전하려면 전기가 필요하고, 수소도 그냥 냇가에서 퍼낼 수는 없으니까. 수소는 산소와 결합해서 물을 만드는 물질이야. 수소와 산소를 분리하려면 또 전기가 필요해. 그 에너지는 다 어디서 올까? 맞아, 발전소에서 오지. 발전소에서 화석 연료를 태워 전기를 만든다면 결국 전기 자동차도 CO_2를 배출하는 거잖아. 배기관이 아닌 굴뚝이라는 점만 다를 뿐이지.

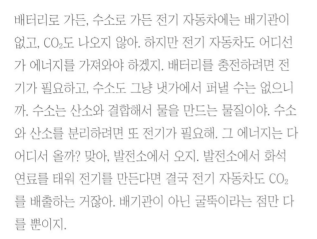

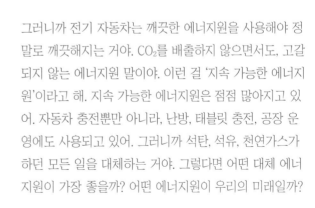

그러니까 전기 자동차는 깨끗한 에너지원을 사용해야 정말로 깨끗해지는 거야. CO_2를 배출하지 않으면서도, 고갈되지 않는 에너지원 말이야. 이런 걸 '지속 가능한 에너지원'이라고 해. 지속 가능한 에너지원은 점점 많아지고 있어. 자동차 충전뿐만 아니라, 난방, 태블릿 충전, 공장 운영에도 사용되고 있어. 그러니까 석탄, 석유, 천연가스가 하던 모든 일을 대체하는 거야. 그렇다면 어떤 대체 에너지원이 가장 좋을까? 어떤 에너지원이 우리의 미래일까?

9· 풍차와 수력 발전

▶ **이 장에서 우리가 읽을 내용은……**

- 내가 화석 연료에게 얼마나 예의 바른지

- 자신감 충만한 우리의 태양

- 공기 입자가 언제나 최단 거리를 선택하는 이유

- 백만 명의 중국인이 집을 옮겨야 했던 이유

- 발전소가 네 쓰레기를 원하는 이유

- 친환경적인 일본원숭이들

- 선사 시대에 원자력 발전소를 건설하지 않아서 다행인 이유

- 스머프와 공통점이 있는 에너지원

■ **짧게 말해서: 미래의 에너지에 대해**

친애하는 석탄, 천연가스, 석유에게

그동안 당신들은 우리에게 너무나 잘해 주었어요. 당신들이 없었다면 우리는 이렇게 멋진 세상을 건설할 수 없었을 거예요. 장작 불로 움직이는 증기 기관, 수력으로 돌아가는 공장, 바람으로 이동하는 자동차가 나왔을 수도 있겠지만, 이렇게 빨리 화려한 문명을 건설하지는 못했을 거예요. 당신들이 우리에게 가져다준 부와 번영에 감사드립니다. 개인적으로도 고마움을 전하고 싶어요. 당신들이 없었다면 저는 결코 이 책을 쓸 수 없었을 테니까요.

그렇지만 당신들은 우리에게 많은 문제를 함께 안겨 줬어요. 일리 우는토끼에게 물어보세요. 키리바시 사람들에게 물어보세요. 그래서 우리가 당신들을 떠나보내고 싶은 거랍니다. 아니, 아니, 제발 항의하지 말아 주세요. 당신들이 기후 변화와는 아무런 관련이 없다고 말하는 사람도 있어요. 네, 압니다. 그렇지만 제가 당신들의 세상이 끝났다고 생각하는 이유를 세 가지 들어 볼게요

첫째, 화석 연료는 몇 세기 안에 고갈될 거예요. 특히 석유, 당신 말이에요. 다음 세기까지 견딘다면 운이 좋은 거겠죠. 당신이 여전히 전 세계 여기저기에 묻혀 있다는 건 알아요. 하지만 그것들은 캐내기가 너무 어려워요. 당연히 비용도 많이 들겠지요. 혹시 지금도 새로운 화석 연료를 만들고 있나요? 물론 그렇겠지요. 그렇지만 그건 너무 느려요. 생각해 보세요. 우리가 지금 몇 세기 안에 써 버린 화석 연료를 만드는 데 수백만 년이 걸렸잖아요. 그래서 우리가 당신들을 지속 가능한 에너지가 아니라고 말하는 거예요. 뭐, 모를 일이죠. 언젠가는 또 다른 빙하기가 올 수도 있으니까요. 그러면 지금 우리가 남긴 화석 연료를 쓰면서 기뻐할 사람들이 있을지도 몰라요.

둘째, 당신들은 전 세계 대기 오염에 아주 커다란 책임이 있어요. 자동차, 공장, 발전소에서 화석 연료를 태울 때 많은 오염 물질이 나오거든요. 때로는 스모그 형태로 볼 수도 있고, 또 때로는 보이지 않게 남아 있기도 해요. 이런 오염 물질은 사람들의 건강을 위협하고 있어요. 대기 오염 때문에 매년 500만 명이 목숨을 잃고 있다는 사실, 알고 있나요?

셋째, 당신들은 불공평하게 퍼져 있어요. 한 지역에는 너무 많이 들어 있고, 어떤 지역에는 전혀 들어 있지 않죠. 사람들이 중동 지역에 관심을 두는 이유는 그곳에 석유가 많기 때문이에요. 석유가 없는 나라는 무슨 일이 있어도 석유를 구매해야만 합니다. 그래서 석유를 가진 나라와 우호적인 관계를 유지하려고 하죠. 그래서 사우디아라비아, 쿠웨이트, 러시아 같은 나라들이 권력을 갖게 되는 거예요. 누군가 그들을 짜증 나게 하면, 그들은 석유를 한 방울도 팔지 않을 거예요. 그러니까 모든 나라가 자신만의 에너지원을 갖는다면 참 좋겠죠. 그럼 누구도 뭐라고 할 수 없을 테니까요.

그러니 기후 변화가 있든 없든 우리는 당신들과 멀어져야 해요. 석유, 천연가스, 석탄 당신들 말이에요. 우리는 에너지를 덜 사용하고, 다양한 에너지원을 찾고, 지속 가능한 에너지원을 쓰려고 노력할 거예요. 오염을 일으키지 않고, 온실가스를 배출하지 않는 그런 에너지원을 사용할 거예요. 이미 그런 에너지원은 많이 있거든요.

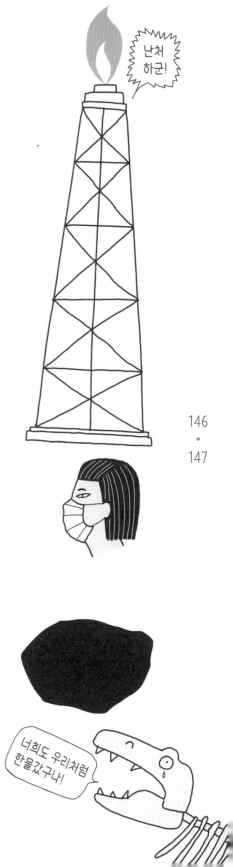

난처하군!

너희도 우리처럼 한물갔구나!

1번 후보, 태양

지속 가능한 에너지원 중에 으뜸은 바로 접니다. 제가 1초에 얼마나 많은 에너지를 방출하는지 아십니까? 여러분이 76만 년 동안 소비한 에너지를 다 더하고도 남는다고요. 놀랍지 않나요? 그래요. 저는 지구에서 꽤 멀리 떨어져 있습니다. 그래서 제가 방출하는 에너지가 모두 지구에 닿을 수는 없어요. 극히 소량만이 여러분의 행성에 도달합니다. 그렇지만 그 에너지도 만만치 않아요. 그걸 모두 저장할 수만 있다면 80억 인구와 자동차, 온갖 기계와 공장이 필요로 하는 동력을 충분히 만들어 낼 겁니다. 겨우 한 시간 만에 말이죠. 엄청나지요? 그래서 저는 왜 당신들이 여기저기에 태양광 발전소를 짓고, 태양 전지판을 설치하는지 압니다. 제 빛을 에너지로 전환하기 위해서죠.

제가 알기로 지구에서 가장 큰 태양광 발전소는 미국에 있습니다. 아니 잠깐만, 중국이었나? 인도였던 것 같기도 하고……. 흠, 그건 여러분이 직접 찾아보세요. 몇 달만 지나면 기존에 있던 태양광 발전소보다 훨씬 큰 태양광 발전소가 세워질 테니까요. 미국이나 캐나다에서 종종 볼 수 있는 태양 전지판이 가득한 들판을 말하는 게 아닙니다. 물을 가열해서 전기를 생산하는 진짜 발전소를 말하는 거예요. 워터 타워 주변에 수십만 개의 거울을 설치한 걸 보고 여러분이 꽤 똑똑하다는 걸 느꼈습니다.

거울이 자동으로 돌아가면서 제 빛을 반사하더군요. 워터 타워 쪽으로 갈 수 있게 말이에요. 타워 안에 있던 물의 온도가 높아지면 일반적인 발전소와 마찬가지로 증기가 발생하고, 터빈이 돌아갑니다. 물론 태양 전지판도 좋은 선택이 될 수 있다고 생각합니다. 태양광 발전소와는 다른 방식으로 에너지를 만들어내지요. 태양 전지판은 태양 전지를 나열한 너른 판이에요. 태양 전지에는 두 개의 실리콘층이 있어요. 실리콘은 모래에도 들어 있는 물질이죠. 태양 전지에 빛을 비추면, 두 실리콘층 사이에 전류가 흐릅니다. 이런 식으로 햇빛에서 전기를 얻을 수 있어요. 모든 빛이 전기로 전환되는 않아요. 지금까지 나와 있는 태양 전지판은 햇빛의 20퍼센트 정도를 에너지로 변환한다고 해요. 그래도 계속 노력한다면 더 좋은 전지판을 만들 수 있겠죠?

저는 훌륭한 후보자입니다. 제 입으로 말하긴 좀 그렇지만, 어쨌거나 그건 분명한 사실이죠. 생각해 보세요. 태양 전지판을 만들 때, 그리고 발전소를 건설할 때 조금의 CO_2가 발생하긴 합니다. 그렇지만 그 이후로는 CO_2가 방출될 일이 없어요. 게다가 저는 앞으로 10억 년 동안 고갈되지 않을 거예요. 물론 지구의 날씨가 좋아야겠죠. 날씨가 흐리면 태양 전지판이 일을 제대로 할 수 없으니까요. 화창한 날에 생산된 여러분의 전기를 저장해 놓으면 도움이 될 거예요. 흐린 날에는 그걸 가져다 쓰면 되잖아요. 그러려면 배터리가 필요하겠죠? 작은 배터리 말고요. 아주, 아주 큰 배터리 말이에요. 네? 너무 비싸다고요? 세상에 단점 없는 에너지가 어디 있나요?

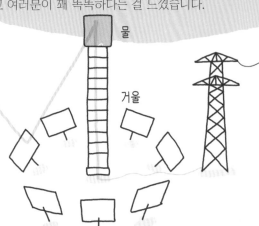

2번 후보, 바람

아주 오래전부터 사람들은 저를 에너지원으로 사용했습니다. 탐험가들이 전 세계를 항해할 수 있도록 도운 게 누굽니까? 바로 접니다. 중세 시대 제분소에서는 저를 이용해 곡식을 빻았고, 또 어떤 지역에서는 저를 이용해 물을 퍼내고 새로운 땅을 만들기도 했습니다. 저는 풍차를 밀어서 방아가 돌아가게 했어요. 지금도 마찬가지입니다. 풍차, 그러니까 회전 날개의 날이 조금 더 커지고, 방아는 터빈이라고 불리는 복잡한 장치가 된 것 말고는 다른 게 별로 없어요. 80미터의 회전 날개를 가진 터빈이 있다는 얘기를 들었어요. 세계에서 가장 큰 여객기의 날개와 같은 길이입니다. 이 거대한 회전 날개를 지탱하고 있는 터빈의 높이는 200미터나 된다고 하죠. 이건 10년 전에 만들어졌던 터빈의 두 배, 20년 전에 만들어졌던 터빈의 세 배 크기입니다. 그리고 여러분이 이 글을 읽을 때쯤이면 더 큰 풍력 발전소가 생겼을지도 모릅니다. 앞으로도 점점 큰 풍력 발전소가 세워질 거예요. 그건 장담할 수 있어요. 사람들은 지속 가능한 에너지를 쓰고 싶어 하니까요.

풍력 발전소는 전기를 얼마나 생산할 수 있을까요? 세계에서 가장 큰 풍력 터빈은 회전 날개가 한 번 돌아갈 때, 한 가정에서 하루 동안 쓸 수 있는 에너지를 생산한다고 합니다. 그러니까 여러분이 집에서 쓰는 전화기, 태블릿, 난방기, 냉장고, 조명, 온수기, 세탁기, 식기세척기, 토스터, 침실 탁자에 있는 알람 시계까지 이 모든 걸 구동할 수 있을 만큼 충분한 에너지입니다. 아니, 저한테 감사할 필요는 없습니다. 사실 감사해야 할 대상은 태양이죠. 왜냐하면 저를 불게 만드는 건 온도 차고, 그 온도 차를 만드는 게 바로 태양이니까요. 온도 차가 발생하면 이쪽과 저쪽의 공기 입자 수가 달라집니다. 기상 캐스터는 공기 입자가 많은 지역을 고기압, 공기 입자가 적은 지역을 저기압이라고 표현합니다. 슈퍼마켓에서 계산할 때를 생각해 보세요. 줄이 긴 쪽으로 가나요? 대부분은 짧은 쪽으로 이동합니다. 공기 입자도 마찬가지예요. 그들은 고기압인 영역에서 저기압인 영역으로 흘러갑니다. 이게 바로 여러분이 바람이라고 부르는 현상이죠.

제가 지속 가능한 에너지일까요? 당연하죠! 태양이 내리쬐는 한, 저는 계속 불 테니까요. 물론 터빈을 만들고, 부품을 옮기려면 에너지가 필요합니다. 그 과정에서 CO_2와 다른 안 좋은 물질도 방출될 거예요. 그렇지만 반년만 지나면 그 에너지를 모두 보상할 수 있습니다. 이후로 저는 깨끗한 에너지를 많이 생산할 거예요. 여러분을 위해서 말이죠.

집 근처에 풍력 터빈이 세워지길 원하는 사람이 별로 없다는 건 참 안타까운 일이에요. 단점 없는 에너지가 어디 있나요? 사람들은 풍력 터빈이 매력적이지 않다고 생각해요. 회전 날개 돌아가는 소리나 그림자가 성가시다고요. 그래서 요즘 풍력 터빈은 바다에 세워져요. 제가 세게 부는 곳이기도 하고요. 그런데 저도 고민이 있습니다. 제가 너무 약하게 불면 여러분은 에너지가 충분치 않다고 생각할 테고, 너무 세게 불면 남는 에너지가 아깝다고 생각하겠죠? 그런 면에서 저는 1번 후보인 태양의 의견에 동의합니다. 제 에너지를 저장하려면 커다란 배터리가 필요해요.

3번 후보, 물

먼저 변명을 좀 하고 싶군요. 그 많은 사람이 이사하게 된 건 제 탓이 아니에요. 네, 맞습니다. 그들은 저수지 건설을 위해 고향을 떠나야 했어요. 10년 전 그곳은 백만 명이 살던 도시였죠. 그러나 이제는 크고 깊은 저수지만 남았습니다. 어쩔 수 없었어요. 싼샤댐 Three Gorges을 건설하고 나면 그들의 집, 학교, 밭은 물에 잠길 테니까요. 그래도 전 싼샤댐이 자랑스럽습니다. 싼샤댐은 세계에서 가장 큰 수력 발전소거든요. 높이는 185미터, 길이는 2킬로미터나 되죠.

싼샤댐

수력 발전소는 제가 높은 곳에서 떨어질 때 나오는 힘을 이용합니다. 저도 태양에게 많은 걸 빚지고 있어요. 태양이 없다면 저는 증발하지 못하고, 그럼 높은 곳으로 올라가지 못할 테니까요. 그러니까 저는 태양 에너지로 움직인다고 할 수 있습니다. 어쨌거나 저는 강을 만듭니다. 그래서 여러분이 댐을 만들고, 저수지를 만들 수 있는 것이죠. 댐 안에 수력 발전소가 있습니다. 제가 엄청난 힘으로 떨어질 때, 터빈이 돌아갑니다. 싼샤댐에는 32개의 터빈이 있어요. 이 발전소 하나에서 6천만 명이 사용할 수 있는 전기를 생산할 수 있다고 해요. 화력 발전소나 원자력 발전소는 경쟁 상대가 아니죠. 싼샤댐은 가장 큰 수력 발전소일 뿐만 아니라, 전 세계 모든 발전소를 다 모아 놓아도 당당히 1등을 차지할 만큼 큰 발전소입니다. 세계에는 수천 개의 수력 발전소가 있습니다. 싼샤댐보다 작긴 하지만 모두가 자기 일을 열심히 하고 있어요.

수력 발전소를 지으려면 많은 에너지가 필요합니다. CO_2도 많이 방출됩니다. 인정할 건 인정해야죠. 그렇지만 일단 발전소가 가동되면 저는 깨끗한 에너지를 공급할 수 있어요. 저는 믿을 만한 에너지입니다. 태양과 바람은 날씨에 의존하지만 저는 그렇지 않아요. 원할 때마다 터빈을 돌릴 수 있어요. 저수지만 꽉 차 있다면 말이죠.

물론 저도 단점이 있습니다. 고향을 물속에 두고 온 수많은 중국인에게 물어보세요. 댐 아래로는 갈 수 없게 된 물고기나, 더는 강에서 비옥한 진흙을 얻지 못하는 농부, 물이 부족해진 하류의 도시에 사는 사람들에게 물어보세요. 저를 달갑게 생각하지는 않을 거예요.

그렇지만 제게는 비장의 무기가 또 있습니다. 반드시 댐을 건설해야만 저를 이용할 수 있는 건 아니에요. 조력 발전소를 예로 들어 볼까요? 조력 발전소는 조수 간만의 차, 그러니까 밀물과 썰물의 차이를 이용해서 에너지를 생산합니다. 밀물과 썰물은 태양과 달의 에너지 때문에 생겨납니다. 그 힘 덕분에 제가 하루에 두 번 오르락내리락하는 거예요. 조력 발전소는 밀물과 썰물의 차가 큰 곳에서 아주 유용합니다. 밀물이 되면 터빈이 한쪽으로 돌고, 썰물이 되면 터빈이 다른 쪽으로 돕니다. 물론 조력 발전소는 그 지역 바다 생물들에게는 그리 반가운 존재가 아니에요. 그리고 염분 때문에 터빈이 손상될 가능성도 있지요. 하지만 어떤 에너지든 단점은 있는 거 아니겠어요?

음, 유기농 식품이군.

해초

CO_2

식사를 좀 해 볼까?

유채

4번 후보, 바이오매스

안녕하세요! 보시다시피 우리는 종류가 참 많아요. 오늘은 그냥 친한 친구들 몇 명만 소개할게요. 우선 저는 나무예요. 얘는 유채, 쟤는 배설물, 저쪽에 있는 녀석들은 음식물 쓰레기예요. 우리는 바이오매스Biomass랍니다. 조금 긴장되네요. 왜냐하면 우리는 이런 자리에 올 때마다 설명해야 하거든요. 왜 우리가 지속 가능한 에너지인지, 화석 연료랑 다른 게 뭔지 말이에요. 사람들은 이렇게 말해요. "이봐, 너희도 어차피 식물이랑 동물에서 온 거잖아. 그럼 너희도 CO_2를 방출하는 거 아니야?" 맞아요. 우리는 CO_2를 방출해요. 그렇지만 우리가 방출하는 CO_2는 이전에 내 기 중에 있던 CO_2예요. 살아 있을 때 우리는 태양의 도움을 받아 공기 중에 있던 CO_2를 흡수했어요. 우리가 죽으면 그 CO_2가 다시 원래 있던 곳으로 돌아가는 거예요.

그러니까 우리는 화석 연료랑은 달라요. 걔네들은 수백만 년 동안 묻혀 있던 CO_2를 퍼내는 거잖아요. 우리는 전혀 그렇지 않다고요. 게다가 화석 연료는 탄소로 아주 꽉 차 있어요. 화석 연료를 태우는 건 엄청난 양의 CO_2를 대기에 보태는 거예요.

화석 연료는 보충이 되지 않아요. 재생도 불가능하죠. 그렇지만 건강한 숲에서는 새로운 나무가 계속 자라요. 그러니까 목재는 재생 가능하다는 말이에요. 우리가 지속 가능한 에너지원이라고 하는 이유를 알겠죠?

저기, 가까이 좀 오실래요? 제가 하는 말을 유채가 들으면 기분이 나쁠 수도 있거든요. 에너지 생산을 위해서 특별히 재배되는 식물이 있어요. 해초나 조류는 괜찮아요.

화석 연료

사탕수수

우아, 똥이다!

기름야자

그런데 문제는 사탕수수, 유채, 기름야자 같은 애들이에 요. 이 친구들을 기르기 위해 열대 우림이 파괴되고 있어 요. 농장을 지으려면 공간이 필요하니까요. 그러면서 CO_2 가 공기 중으로 날아가요. 숲이 사라지는 건 지역 주민과 동식물에게도 안 좋은 일이죠. 서식지를 잃는 거니까요. 또 식량을 재배하던 많은 농부들이 바이오매스 생산으 로 돌아섰어요. 돈을 더 많이 벌 수 있기 때문이에요. 그 럼 시장에 나오는 식량은 줄어들 거예요. 그렇지만 인구 는 늘고 있잖아요. 당연히 식량비는 올라갈 거고, 그렇게 되면 가장 고통받는 건 누구일까요? 맞아요. 가난한 사람 들입니다.

모두가 우리를 열렬히 지지하지 않는 이유가 바로 그거 예요. 우리가 어디에서 왔는지, 또 어떻게 왔는지 항상 따

져 봐야 하죠. 우리를 발전소까지 운반하는 것도 꽤 많은 연료를 소비하고, 공기 중에 CO_2를 보내는 일이에요. 특 히 우리가 멀리서 온 경우라면 더욱 그렇겠지요. 저 같은 목재는 지속 가능한 상태로 관리되는 숲에서 생산되어야 해요. 그래야만 저를 지속 가능한 에너지라고 부를 수 있 겠죠. 한 그루의 나무를 잘라 내면, 그 자리에 다른 나무 를 심고, 그 나무가 자라면서 CO_2를 흡수할 수 있어야 해 요. 그렇지만 이런 숲은 많지 않아요. 뭐든 단점은 있는 거잖아요.

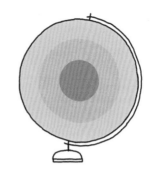

5번 후보, 지열

혹시 일본원숭이에 대해 들어 본 적이 있나요? 그들은 분홍색 얼굴을 한 털북숭이 원숭이랍니다. 온천을 즐기는 것으로도 유명하죠. 일본원숭이가 재미 삼아 온천을 하는 건 아니에요. 그들은 눈이 많이 오고, 기온이 영하 20도까지 내려가는 지역에 살고 있거든요. 그들에게 온천은 추위를 피하는 방법이에요. 제가 없다면 일본원숭이도 온천을 즐길 수 없어요.

이 지역에는 화산이 많아서 여기서 솟아나는 샘물은 무척 따뜻합니다. 저는 땅속 깊은 곳에 있어요. 깊이 들어갈수록 제 에너지는 더 커집니다. 더 따뜻해진다는 말이에요. 그런데 일본처럼 화산이 많은 지역에서 저는 지표면 가까이 있습니다. 제가 내뿜는 열의 일부는 지구가 태어났을 때 생긴 것이에요. 나머지는 방사성 붕괴로 인한 것이지요. 방사성 붕괴란 불안정한 원자핵이 다른 원자핵으로 바뀌는 과정을 말해요. 이때 열이 발산되는 거지요. 이런 핵반응은 수십억 년 동안 여러분의 발밑에서 진행되어 왔어요.

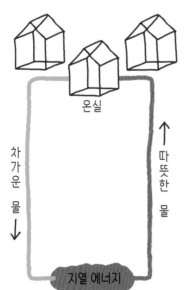

제가 내뿜는 열은 그야말로 지속 가능한, 이상적인 에너지입니다. 저는 무궁무진하고, CO_2를 배출하지도 않고, 날씨에도 영향을 받지 않아요. 일본이나 아이슬란드 같은 나라에서는 저를 이용해 발전소를 운영합니다. 제가 너무나 가까이 있기 때문이죠. 일반적인 발전소에서는 증기를 만들기 위한 연료가 필요합니다. 그러나 저는 땅에서 바로 증기를 내보낼 수 있어요. 터빈을 내 위에 올려놓기만 하면 된다니까요. 만약 땅에서 증기가 나오지 않으면 어떻게 하냐고요? 제 위에 물을 퍼부어 보세요. 그럼 금방 증기를 내뿜을 테니까요. 아이슬란드에서는 저를 아주 독특한 방식으로 이용하고 있어요. 보도 아래에 따뜻한 물을 퍼 올려서, 보도에 얼음이 얼지 않도록 하더라고요. 그리고 제가 데워 놓은 물을 난방과 온수용으로 쓰기도 합니다.

물론 모든 나라에서 이렇게 할 수 있는 건 아니에요. 대부분 지역에서 저는 아주 깊은 곳에 있기 때문에 저를 이용하려면 더 깊이 파고들어야 하죠. 당연히 돈이 많이 듭니다. 땅을 깊게 파는 건 큰 회사들이나 할 수 있는 일이죠. 네덜란드 농부들은 몇 킬로미터 깊이로 땅을 판 다음, 파이프를 심었어요. 파이프 안에서 물이 흐르는데, 저는 이 물을 85도까지 데웁니다. 이렇게 데워진 물이 위로 올라가서 온실을 덥히는 데 쓰입니다. 이건 지속 가능한 방식이죠. 물론 아이슬란드나 일본에 비하면 아주 작은 에너지이긴 합니다. 그렇지만 단점 없는 에너지가 어디 있나요?

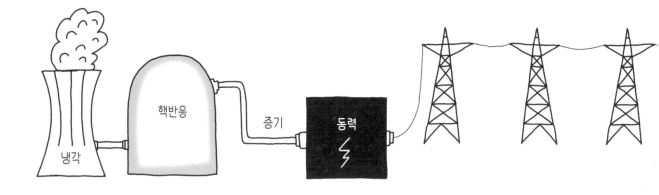

6번 후보, 원자력

먼저 사과의 말씀을 드리고 싶군요. 2011년 3월 11일, 일본 역사상 최악의 지진이 발생했습니다. 아, 지진이 일어난 건 제 잘못이 아니에요. 그렇지만 지진은 거대한 해일을 일으켰고, 해일은 큰 재앙이 되어 후쿠시마 원자력 발전소를 덮쳤습니다. 지역 주민들은 황급히 집을 떠나야 했어요. 사고 이후 발전소 주변은 아무도 살 수 없는 곳이 되었죠. 가끔 멧돼지들이 어슬렁거릴 뿐입니다. 방호복을 입은 사람들이 들어가서 청소를 할 때도 있습니다. 이곳에서 다시 사람이 살려면 시간이 꽤 걸릴 거예요.

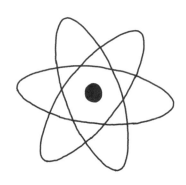

원자력 발전소에서 재난이 발생하는 경우는 많지 않지만, 한번 터졌다 하면 그 결과는 심각합니다. 그건 원자력 발전소가 우라늄을 주원료로 하기 때문이에요. 우라늄은 땅속에 묻혀 있는 방사성 물질입니다. 다른 모든 물질과 마찬가지로 우라늄은 원자들이 모여 만들어집니다. 원자는 더 작은 입자들로 구성되는데, 제가 이 입자들을 붙잡아 두고 있는 거예요. 제 힘이 얼마나 대단한지 알겠죠? 제가 없으면 여러분 주변의 모든 것이 무너져 내리고 말 거예요. 원자력 발전소에서는 원자 내부에 있는 핵을 쪼개어 저를 방출합니다. 저는 물을 끓이고, 그 열은 운동 에너지로 전환되지요. 나머지는 여러분도 잘 알 거예요.

제가 최고의 후보인 이유가 뭐냐고요? 저는 물에 의존하지 않고, CO_2를 거의 방출하지 않으며, 공기를 오염시키지도 않습니다. 무엇보다 지구에는 아직 우라늄 많이 있어요. 자, 어떤가요? 물론 저도 약점이 있습니다. 후쿠시마 원전과 같은 사고가 발생하면 많은 방사능 물질이 유출됩니다. 네, 방사선 때문에 지역 사람들의 암 발병률이 높아진다는 건 저도 인정해요. 끔찍한 일입니다. 원전 사고 지역은 수십 년, 혹은 그 이상 사람이 살 수 없는 땅이 됩니다. 그걸 처리하는 비용도 어마어마하죠. 정말 이런 일이 일어나지 않기를 바랍니다만, 세상일이란 알 수 없죠. 하지만 탄광에서도 죽는 사람들이 있습니다. 대기 오

우라늄 원석

염으로 죽어가는 사람도 수백만 명이 넘죠. 이건 정말 저랑은 무관한 일이거든요.

네? 또 다른 단점이요? 아, 잊어버릴 뻔했군요. 맞아요. 저는 방사성 폐기물을 남깁니다. 이 폐기물은 인간과 동물에게 아주 치명적이며, 독성이 사라지려면 수만 년은 걸릴 거예요. 만약 석기 시대 사람들이 원자력 발전소를 지었다면, 그들이 남긴 폐기물 때문에 지금 우리가 위협받고 있겠죠. 방사성 폐기물은 수만 년 동안 안전하게 보관되어야 해요. 전쟁, 홍수, 지진, 운석 충돌에도 끄떡없어야 하지요. 네? 그건 너무 어려운 일이라고요? 세상에 단점 없는 에너지가 어디 있나요?

방사능

미래의 에너지원

우승자는 누구일까요?

지금까지 미래의 에너지원 자리를 노리는 유력 후보자들을 만나 보았습니다. 그렇다면 과연 승자는 누구일까요? 글쎄요. 확실하지 않습니다. 모든 것을 충족하는 단일 에너지원은 없으니까요. 왜냐하면 우리가 정말 원하는 건 너무 비싸지 않고, 고갈되지 않고, 위험하지 않고, 온실가스를 배출하지 않으며, 날씨와 상관없이 항상 우리 곁에 있어 줄 에너지원이잖아요. 그렇지만 여러분도 앞에서 봤다시피, 모든 후보가 단점을 가지고 있습니다.

완벽한 에너지원은 없어요. 그렇다면 우리는 어떻게 해야 할까요? 각각의 에너지원을 적절하게 섞어야겠죠. 서로의 약점을 보완할 수 있도록 말이에요. 스머프 마을을 생각해 보세요. 어떤 스머프는 똑똑하고, 어떤 스머프는 힘이 세고, 어떤 스머프는 손재주가 좋습니다. 각각의 스머프는 연약하지만, 그들이 모이면 가가멜을 상대할 수 있어요. 많은 나라에서 아직 석탄과 천연가스를 사용하는 이유가 바로 그거예요. 네, 우린 화석 연료에 대해 할 말이 많지요. 그렇지만 그들은 여전히 우리에게 도움을 주고 있어요. 날씨가 좋든 나쁘든 우리 곁에 있습니다. 태양광 발전소와 풍력 터빈이 돌아가지 않을 때도 말이죠. 모든 에너지는 장단점을 가지고 있잖아요.

그래도 개발이 빠르게 진행되고 있고, 기술도 점점 좋아지고 있습니다. 태양광 발전소가 더 커지고, 풍력 터빈도 높아지고 있죠. 앞으로는 태양 전지판과 전기 자동차를 더 많이 보게 될 거예요. 저렴하고 질 좋은 제품들이 많아지고 있습니다. 수요가 많아지면, 그걸 만들려는 회사가 많아질 테고, 그러면 좋은 제품이 많이 나올 수밖에 없죠.

전망 있는 직업을 찾는다면 석유 산업보다는 태양 전지판 산업에서 찾는 게 나을 거예요. 엄청난 부자가 되고 싶다면, 슈퍼 배터리를 만드는 일에 뛰어들어 보세요. 전 세계의 과학자, 기업 들이 최대한 작은 배터리에 최대한 많은 에너지를 담을 방법을 찾으려고 노력하고 있어요. 아마 미래의 전기 자동차는 지금보다 더 빨리 충전이 될 거예요. 전기 비행기가 나올 수도 있겠죠. 풍력 에너지와 태양열 에너지를 저장할 수 있는 멋진 배터리가 나올지도 몰라요. 그러면 마침내 우리는 화석 연료에게 작별을 고할 수 있을 거예요. 그때까지 각자의 역할을 충실히 해내야죠.

가장 의지할 수 있는

가장 조용한

가장 오래된

가장 깨끗한

가장 저렴한

가장 고갈되지 않은

가장 안전한

가장 강한

가장 더러운

가장 위험한

가장 비싼

가장 획기적인

10· 그래, 맞아! 아니, 그렇지 않아!

가짜 곰

작은 얼음 조각 위에 애처롭게 서 있는 북극곰 사진, 다들 한 번쯤 본 적이 있을 거야. 아무리 둘러봐도 주변에는 땅도 없고 얼음도 없어. 이 사진은 기후 변화에 관한 기사에 자주 쓰이던 사진이야. 얼음이 얼마나 빨리 녹고 있는지, 북극곰의 상황이 얼마나 안 좋은지 보여 주기 위해서지. 그런데 그거 알아? 이 사진이 가짜였다는 사실 말이야. 사진작가가 얼음 조각과 북극곰을 포토샵으로 합성해 놓았대. 심지어 하늘도 다른 사진에서 가져다 썼다고 하네. 정말 황당하지?

사진작가는 강렬한 이미지를 보여 주고 싶었다고 변명했어. 뭐, 그럴 수 있지. 그런데 문제는 이 사진이 너무나 많은 신문과 웹사이트에 게재되었다는 사실이야. 사람들은 이제 북극곰이 다 저렇게 처량한 모습으로 북극해를 떠다니고 있다고 생각해. 구글에서 '북극곰'을 검색해 봐. 합성한 곰 사진도 있겠지만, 멋진 눈과 얼음에 둘러싸인

북극곰 사진도 많아. 물론 또 다른 합성 사진도 있지. 얼음 조각 위에 서 있는 북극곰이랑은 비교도 안 될 정도로 서글픈 사진이야. 북극곰이 마지막 얼음 조각에 절박하게 매달려 있거든. 이건 누가 봐도 가짜라서 할 말이 없다.

어쨌거나 진짜 얼음 조각 위에 서 있는 북극곰도 있어. 너무나 야윈 몸에다 슬퍼 보이는 표정까지. 그런데 이게 북극이 녹고 있다는 증거가 될까? 곰이 아프거나 다쳤을 수도 있잖아. 생각해 봐. 네가 길을 가다가 죽은 야생 쥐를 한 마리 발견했어. 그렇다고 모든 야생 쥐가 죽어가고 있다고 생각하지는 않을 거잖아. 슬픈 곰 한 마리가 기후 변화를 증명할 수는 없어.

그럼 왜 사람들이 이런 사진을 이용하는 걸까? 사람들은 이렇게 외치고 싶은 거야. "기후가 변하고 있습니다! 지

구가 점점 더워지고 있습니다! 극지방이 녹고 있습니다!" 그런데 이걸 믿지 않는 사람들이 있어. 또 믿는다고 하더라도 우리가 할 수 있는 게 없다고 생각하는 사람들이 많아. 이 사람들을 설득하고 싶으니까 강렬한 이미지를 쓰는 거야. 더 크게 외치는 거지. 충격을 주고 싶은 거야. 하지만 누군가 가짜 사진으로 너를 설득하려고 한다면 어떤 기분이 들까? 더는 믿지 않을 거야. 거짓말하거나 부풀려 말하는 사람을 어떻게 믿을 수 있겠어?

지금 지구에는 엄청난 논쟁이 진행되고 있어. "네, 정말 그렇습니다!" "아니요, 전혀 그렇지 않습니다!" 이 사람은 이렇게 말하고, 또 저 사람은 저렇게 말해. 무슨 일이 일어나고 있는지 전혀 모르는 사람들도 있어. 이래서는 우리가 직면한 문제를 해결할 수 없어. 우리가 이러는 사이에도 대기 중 CO_2는 계속 증가하고 있단 말이야. 석유 회사는 여전히 새로운 에너지원을 찾고 있어. 그리고 해마다 수백 개의 새로운 석탄 화력 발전소가 문을 열고 있어. 왜냐하면 사람들이 이렇게 말하기 때문이야. "기후 변화? 별거 아니야." "그건 우리 잘못이 아니야." "이게 처음도 아니잖아." "다 괜찮을 거야."

찰칵

97% 기후 전문가
3% 기후 부정론자

별일 아니야

기후를 부정하는 사람들이 하는 자주 말이야. 기후를 부정한다니 표현이 조금 이상하지? 그들이 부정하는 게 기후의 존재 자체는 아니니까. 그들은 단지 기후 변화가 그리 나쁜 것이 아니라고 생각해. 또 인간 활동이 기후 변화를 가져온 것이 아니며, 그렇다고 하더라도 어차피 우리가 할 수 있는 일은 없다고 생각해. 그들을 기후 회의론자, 기후 낙관론자라고 부를 수도 있겠지. 하지만 여기서는 그들을 기후 부정론자라고 하자. 그들은 이 모든 것이 별일 아니라고 생각해. 이건 정말 이상한 일이야. 왜냐하면 이게 별일이라는 증거는 엄청나게 많으니까.

과학자의 97퍼센트는 기후 변화가 실제로 일어나고 있으며, 인간에 의해 발생했다고 확신하고 있어. 이 97퍼센트에는 기후 변화 전문 과학자가 많이 포함되어 있어. 나머지 3퍼센트가 다른 분야의 과학자들이지. 그러니까 기후 변화에 대해 더 많이 알수록 더 강하게 확신한다는 거야. 과학자라고 모든 것을 아는 건 아니야. 그러기에는 기후라는 것 자체가 너무 복잡하니까. 예를 들어, 과학자들은 기후가 얼마나 민감하게 반응할지 정확히 몰라. CO_2의 양이 2배가 되면 지구는 얼마나 따뜻해질까? 어떤 과학자는 기온이 2도 올라간다고 하고, 또 어떤 과학자는 4도 올라간다고 해. 이건 너무나 큰 차이잖아. 해수면 상승도 마찬가지야. 1미터가 될까? 아니면 2미터? 7미터? 그래서 과학자들이 계속 연구하고, 보고서를 작성하고, 끊임없이 토론하는 거야. 우리의 기후가 어떻게 변하고 있는지 더 깊이 이해하기 위해서 말이야.

어쨌거나, 기후 변화를 믿지 않는다는 소리가 자주 들려. 마치 그게 산타클로스라도 되는 것처럼 말이야. 2006년에는 그걸 바꾸려는 영화가 나왔어. 어떤 사람의 연설을 촬영한 다큐멘터리 영화야. 연설을 한 사람은 미국 대통령이 될 뻔한 앨 고어 Al Gore야. 커다란 화면에 하키 스틱 그래프가 떴어. 3장에서 나왔던 하키 스틱 생각나지? 그래프에서 가장 높은 지점을 가리키려고 그는 리프트를 타고 올라갔어. 기후 변화의 위험성을 알리고 사람들을 설득하기 위한 여러 장치 중 하나였지. 영화는 큰 성공을 거두었어. 수많은 학교에서 단체 관람을 했고, DVD를 구입한 사람도 많았어. 앨 고어는 기후 변화를 알리는 데 큰 역할을 했어. 그러나 모든 사람을 설득한 건 아니었어. 여전히 기후 변화가 신화라고 믿는 사람들이 있어. 그게 흑점과 관련이 있다고 믿는 사람도 있지. 윌리 순Willie Soon이라는 미국 과학자가 있어. 그는 인간이 기후 변화에 거의 영향을 미치지 않았으며, 기후 변화의 원인은 태양이라는 논문을 여럿 발표했어. 하지만 그는 자신의 연구가 미국 석유 회사의 지원을 받았다는 얘기는 하지 않았지. 이게 우연일까? 석유 회사는 화석 연료가 무해하다고 말하고 싶겠지. 우리가 그렇게 믿게끔 만들고 싶겠지. 안 그러면 값비싼 채굴 장비와 주유소를 폐기해야 할 테니까.

그래서 그들은 뭉치기 시작했어. 1989년, 50개의 기업이 모였어. 석유, 가스, 석탄, 자동차 관련 업계에서 온 기업들이었지. 그들은 의도적으로 지구 온난화 이론에 대한 반론을 제기하기 시작했어. 윌리 순 같은 과학자에게 돈을 주면서 자기들에게 유리한 연구를 하도록 만들었지. 그들은 언론인도 매수했어. 돈을 받은 언론인은 의심을 조장하는 기사를 쓰기 시작했어. 너무나 확실한 많은 증거를 제쳐 두고, 기후 변화의 불확실성에 대해서만 떠들어 댔지. 심지어 그들은 CO_2가 기근을 종식시킬 거라고 말하는 영화까지 만들었어. CO_2가 농업에 도움이 된다면서 말이야.

이건 과거에 담배 회사들이 쓰던 전략이야. 담배 회사는 흡연이 건강에 해롭다는 것을 오랫동안 알고 있었지만, 소비자들이 그걸 깨닫는 건 원치 않았어. 흡연을 억제하는 법이나 규정이 만들어지는 것도 원치 않았지. 그들은

수많은 학자를 고용했고, 돈을 받은 학자들은 학술지와 의학 저널에 이렇게 썼어. '흡연이 건강에 해롭다는 것은 전혀 근거가 없다.' 오늘날 기후 변화가 인간 활동의 결과가 아니라고 말하는 기후 부정론자가 쓰는 방식이 바로 이거야.

신문이나 TV에서 기후 부정론자의 목소리가 자주 들리는 건 이유가 있어. 기자들이 언제나 양쪽 의견을 듣는 걸 좋아하기 때문이야. 하지만 이런 방식에는 문제가 있어. 자칫하면 부정론자가 3퍼센트가 아닌 50퍼센트나 있는 것처럼 보일 수 있기 때문이야. 이렇게 되면 사람들이 기후 변화가 큰 문제가 아니라고 생각하기 쉬워. 솔직히 이게 사람들이 믿고 싶어 하는 방향이기도 해. 그래야 계속 큰 차를 몰고, 난방 온도를 높이고, 비행기를 탈 수 있으니까. 그럼 화석 에너지 생산자는 전혀 불만이 없겠지. 계속해서 돈을 벌 수 있으니까. 담배 회사가 사람들의 건강을 해치는 걸 알면서도 흡연자의 주머니에서 돈을 빼가는 것처럼 말이야.

우리 잘못이 아니야

이게 바로 일찌감치 경제 발전을 이룬 선진국이 기후 위기에 대해 하는 말이야. 그들은 인도와 중국을 탓하지. 신흥 공업국인 인도와 중국도 선진국에 똑같은 말을 해. 둘 다 맞는 말이야. 최근 몇 년 동안 중국은 전 세계에서 가장 많은 CO_2를 배출했어. 인도는 2위를 차지했지. 놀랄 만한 일도 아니야. 그곳의 인구를 생각해 봐. 하지만 인도와 중국이 하는 얘기를 들어 볼까? "지난 150년의 역사를 생각해 보세요. 다른 나라들은 우리보다 훨씬 더 일찍 산업화를 시작했어요. 그들이 그동안 내뿜은 CO_2가 더 많단 말입니다. 우리만 탓할 게 아니에요. 지금 지구가 뜨거운 이유는 바로 그들이 내뿜은 CO_2 때문이에요."

이건 마치 어린아이들이 모여서 싸우는 것 같아. 190명의 아이가 각자 소리치고 있어. "중국이 옳아!" "그래, 하지만 러시아도 배출을 많이 한단 말이야!" "브라질 너는 제발 나무 좀 그만 베!" "흥, 너희 나라 공장이나 먼저 어떻게 하시지?" "그렇지만 영국이 먼저 시작했잖아!" 해마다 열리는 기후 회의에서 나오는 논쟁들이야.

2016년에는 파리에서 기후 회의가 열렸어. 195개국에서 온 참여자들이 기후 변화 대처 방안에 대해 2주 동안 열띤 토론을 벌였어. CO_2는 국경이 없기 때문에 모두가 함께 해결해야 해. 그러려면 가능한 한 많은 국가의 동의를 이끌어 내는 게 중요하지. 지구 온난화는 전 세계적인 문제인 데다, 해결하는 데도 비용이 정말 많이 드니까.

그런데 어떻게 하면 이 문제를 공평하게 나누어 처리할 수 있을까? 큰 나라와 작은 나라, 부자인 나라와 가난한 나라, 인구가 많은 나라와 인구가 적은 나라, 물에 잠길까 봐 전전긍긍하는 나라와 온난화가 조금 반가운 나리, 수력 발전소가 많은 나라와 천연가스가 많은 나라, 지열 에니지를 가진 나라와 석탄을 가진 나라, 자동차를 많이 파는 나라와 풍력 터빈을 많이 파는 나라, 수 세기 동안 CO_2를 방출해 온 나라와 이제 막 시작한 나라……. 이전에 발리, 코펜하겐, 리마에서 열린 기후 회의에서 합의하지 못한 것도 놀라운 일은 아니야. 그런데 2016년 파리에서는 달랐지.

모든 국가가 하나의 목표에 동의했어. 2100년까지 지구 평균 기온이 1850년과 비교했을 때 2도 이상 올라가지 않도록 하자. 가능하다면 1.5도 이하가 될 수 있도록 노력해 보자. 물론 이게 쉬운 일은 아니야. 왜냐하면 이미 1도를 넘어선 상태니까. 그리고 너도 알잖아. 하키 스틱이

얼마나 빠르게 자라나고 있는지. 목표를 달성하려면 CO_2 배출량을 획기적으로 줄여야 해. 2060년까지는 공기 중으로 배출되는 CO_2가 숲과 바다에 흡수되는 CO_2보다 적어야 해. 이게 무슨 말이냐, 산업 혁명 이전처럼 자연적인 CO_2 배출만이 허용된다는 뜻이야. 다시 말하자면 이건 화석 연료 사용을 완전히 중단해야만 가능한 수치야. 부유한 나라들은 가난한 나라들이 지속 가능한 에너지로 전환하고, 온난화에 대처할 수 있도록 도움을 주기로 했어.

괜찮은 합의였다고 너는 생각할지 몰라. 그러나 모두가 만족했던 건 아니야. 어떤 사람들은 이 합의가 충분하지 않다고 생각해. 국가가 협정을 준수할 의무가 없다는 사실에도 우려를 표했지. 이게 효과가 있더라도 온도 상승이 멈추려면 수년이 걸리고, 해수면 상승이 멈추려면 수 세기가 걸릴 거라고 말이야. 어떤 사람들은 CO_2를 줄이는 데 쓰는 비용을 다른 곳에다 투자하자고 말해. CO_2 배출량을 줄이는 것은 너무 비싸고 효과도 적다는 거지. 그러니까 홍수를 막기 위한 강력한 제방 같은 걸 쌓자는 거야. 이번 세기에 온도가 5도 이상 올라갈 수도 있으니까. 기후 변화의 결과는 정말 예측하기 어렵잖아.

처음도 아니잖아

파울 크뤼천
1933-2021
기상학자

내 친구 중에도 이런 말 하는 애들이 있어. 꽤 똑똑한 친구들인데도 말이야. "예전에도 비슷한 일을 겪었잖아. 오존층을 봐. 이제 오존층 구멍이 거의 닫혔다고 하더라. 산성비는 또 어떻고? 요즘 산성비 얘기 들어 본 적 있니?" 아마 너는 오존층 구멍에 대해서는 들어 본 적이 없을 거야. 부모님께 가서 한번 여쭤봐. 너희 부모님이 어렸을 때는 그게 지금의 기후만큼이나 심각한 환경 문제였거든. 그렇지만 지금은 거의 해결되었어. 그러니까 기후 변화 문제도 해결이 될 거라고 생각하는 거지.

산성비 얘기를 해 볼까? 1980년대, 벌거벗은 숲과 죽은 물고기 사진이 여기저기 등장했어. 산성비 때문에 조각상의 얼굴이 사라지고 있다는 보도도 나왔어. 아황산가스, 암모니아 같은 물질들이 구름에 용해되고, 그게 물과 결합해서 황산과 질산을 만들어 내면 그게 바로 산성비야. 한마디로 산성이 된 비가 우리의 숲과 호수와 조각상 위에 내리는 거지. 이런 물질이 왜 공기 중으로 방출되었느냐, 그건 바로 공장과 자동차, 소 때문이야. 기후 변화와 다를 게 없지.

그러나 산성비는 여러 가지 면에서 기후 변화와는 달랐어. 우선 산성비는 전 세계적인 현상이 아니었어. 주로

공업이 발달한 곳에서 내렸지. 또한 문제점이 확실하게 드러났어. 죽은 물고기가 둥둥 떠오르는데 놀라지 않을 사람이 어디 있겠어? 많은 사람이 뭔가를 해야 한다고 느꼈어. 산성비를 방지하기 위해 여러 가지 해결책이 도입되었어. 굴뚝에 필터도 설치했어. 그렇지만 기후 변화는 이런 식으로는 해결되지 않아. CO_2와 메탄 입자는 필터를 통과하거든. 그렇다면 전 세계가 나서서 해결한 문제는 없었느냐? 아니, 있었지!

정말이야. 우리는 할 수 있다니까. 이번에는 오존층의 구멍에 관해 얘기해 볼게. 오존층은 태양의 자외선으로부터 우리를 보호하는 대기의 얇은 층이야. 1970년대, 그 층의 일부가 얇아지고 있었어. 지구의 남쪽 부분이었지. 칠레 남부와 호주에서는 피부암 발병률이 높아졌어. 자외선은 사람뿐만 아니라 바다 생물에게도 아주 위험해. 다행히 네덜란드 화학자 파울 크뤼천Paul J. Crutzen이 범인을 알아냈어. 그건 바로 프레온 가스로도 잘 알려진 염화불화탄소였어. 부르기 어려우니까 줄여서 CFC라고 할게. CFC에 대해서 자세히 알 필요는 없어. 단지 그게 냉장고와 스프

레이에 들어 있었다는 정도만 알면 돼. 공기 중으로 방출된 CFC가 높이 올라가면 C가 F와 다른 C와 멀어져. 그러면서 오존층을 파괴하는 거야. 그렇게 되면 지구에 사는 동식물에 좋을 게 없지.

오존층의 구멍은 점점 커졌어. 그러나 정치인들은 아무것도 하지 않았어. 왜냐하면 범인이 CFC인지 확신할 수 없었기 때문이야. 게다가 제품 유통이 금지되는 걸 원치 않았던 CFC 제조업체는 CFC가 아무런 잘못이 없다며 동네방네 떠들고 다녔어. 파울 크뤼천이 엉터리 같은 말을 한다며 비난했지. 그러나 사람들은 걱정스러워했어. 위성 사진을 보면 구멍이 뚫린 건 부인할 수 없는 사실이었거든. 사람들은 그게 CFC 때문인지 아닌지 확실하지 않더라도, CFC 사용을 중단하는 것이 좋겠다고 생각했어.

네가 배를 타고 있다고 생각해 봐. 급한 일이 있어서 서둘러 가는 중이야. 그런데 저 멀리 빙산처럼 보이는 것이 있어. 확실하지는 않아. 안개일 수도 있지. 우회하고 싶다면 지금 해야 해. 어떻게 할래? 그게 그냥 안개일 거라고 생각하고 그냥 갈래? 아니지. 목숨을 가지고 도박을 할 수는 없는 거잖아. 재난이 발생할 거라고 100퍼센트 확신하지 못하더라도, 재난을 막는 쪽을 선택하는 것이 훨씬 안전해. 모든 것이 확실해질 때까지 기다리면 너무 늦을 수

도 있기 때문이야. 법률이나 조약을 제정할 때도 이런 기준을 적용해야 해.

그래서 미국 정부는 CFC 사용을 금지했어. 1987년, 결국 크뤼천이 옳았다는 것이 증명되기 전에 말이야. 다른 국가들도 CFC에 대한 합의를 서둘렀어. 냉장고, 에어컨, 스프레이를 만들 때 CFC를 쓰지 못하도록 금지했어. CFC 제조업체는 당연히 이 사실을 반기지 않았지. 이 변화로 인해 수십억의 비용이 발생했으니까. 그런데 그거 알아? 이 회사들이 나중에 더 많은 돈을 벌고 있었다는 거. 어쨌거나 중요한 건 오존층의 구멍이 서서히 닫히고 있다는 거야. 그러니까 여기서 내가 하고 싶은 말은, 지구인들이 가끔 놀라울 정도의 문제 해결 능력을 보여줄 때가 있다는 거야.

다 괜찮을 거야

이건 세계의 발명가들이 하는 말이지. 그들은 현대 기술이 지구 온난화를 해결하기나 줄일 수 있다고 생각해. 그들이 어떤 아이디어를 내놓았는지 한번 볼까?

닷물을 증발시키는 무인 선박을 수백 척 바다에 띄웁시다. 그렇게 하면 구름을 더 두껍게 만들 수 있을 거예요. 구름이 햇빛을 가려 주겠죠. 햇빛을 차단하고, 분산시킬 수 있는 먼지 입자를 대기 중에 뿌리는 건 어떤가요? 대규모 화산 폭발로 인한 먼지구름 때문에 지구가 냉각되었다는 건 다들 아시죠?

햇빛을 반사해서 지구를 덜 뜨겁게 합시다! 도로와 지붕을 모두 흰색으로 칠하는 겁니다. 사막을 흰색 천으로 덮읍시다. 빙하에 담요를 씌웁시다. 거대 거울을 우주로 쏘아 올립시다. 그러면 그게 파라솔처럼 지구를 가려 줄 겁니다. 아니, 55,000개의 돛이 햇빛을 반사하도록 합시다. 햇빛을 차단하는 수십억 개의 얇은 원반은 어떤가요? 바

대기 중 CO_2를 제거합시다. 나무를 더 많이 심는 거예요. 저한테 아주 독창적인 아이디어가 있습니다. 철을 바다에 뿌립시다. 낡은 자전거나 쇼핑 카트 같은 걸 던져 넣자는 게 아니라, 바다에 거름을 주자는 거예요. 그러면 플랑크톤이 아주 잘 자랄 겁니다. 플랑크톤이 많아지면 광합성을 위해 CO_2를 많이 흡수할 거예요. 아니, 감람석을 뿌립시다. 감람석은 마모되면서 CO_2를 흡수하는 돌입니다. 하지만 감람석을 분쇄하려면 많은 에너지가 듭니다. 공장과 발전소에서 나오는 CO_2를 모아 땅에 묻읍시다. 천연가스를 캐고 나면 남는 공간이 있잖아요. 아니면 아스팔트에 CO_2를 저장합시다. 도로가 망가지지 않는 한 CO_2는 공기 중으로 방출되지 않을 거니까요.

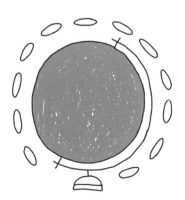

어때? 몇몇 아이디어는 미친 소리처럼 들릴 수도 있지만, 모두 진지한 학술 연구를 바탕으로 제안된 거야. CO_2 저장은 이미 일부 지역에서 실행에 옮기고 있어. 다른 아이디어도 언젠가는 현실이 될 수 있을 거야. 물론 걸림돌이 많겠지. 대부분 구현하는데 돈이 많이 들고, 결과도 예측하기 어려우니까. 만약 돈이 떨어져서 태양 반사 장치를 구동할 수 없게 되면 어떻게 해? 그래서 갑자기 몇 도가 올라간다면? 더욱이 이런 장치를 믿고 CO_2 배출을 계속한다면 얼마나 더 더워질지는 예측할 수도 없어. 가장 걱정스러운 건 바로 이거야. 우리가 이런 잔재주를 이용해 지구 온난화에 대처한다면, 근본적인 대책을 세울 필요가 없어지잖아. 도움이 될 만한 발명품은 이미 충분하단 말이지.

하이퍼루프Hiperloop는 어때? 이건 튜브 안에 캡슐을 넣어서 고속으로 발사하는 운송 시스템이야. 이 시스템을 만드는 게 가능하다면 몇몇 루트에서는 비행기가 필요 없어질지도 몰라. 그렇게 되면 CO_2 배출량이 상당히 줄어들겠지.

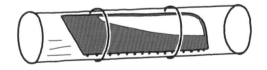

배양육을 먹는 건 어때? 많은 과학자가 배양육 기술을 발전시키려고 노력하고 있어. 그들이 진짜 고기만큼 맛있는 고기를 만들어 낸다면, 소 농장의 규모가 확 줄어들 거야. 그러면 훨씬 적은 양의 메탄이 방출될 수 있겠지.

토륨 원자로는 어때? 원자력 발전소에서 우라늄 대신 토륨을 사용하는 거야. 토륨은 우라늄의 장점은 가지고 있으면서도 단점은 훨씬 적은 물질이지. 토륨 기반 발전소는 훨씬 안전하고, 폐기물 생산도 적고, 또 폐기물을 안전하게 보관해야 하는 기간도 짧아.

핵융합은 어때? 그게 되기만 한다면 말이야……. 과학자들은 수십 년 동안 태양과 같은 방식으로 에너지를 생성하기 위해 노력해 왔어. 원자핵을 융합하는 것이 가능해진다면, CO_2나 방사능이 전혀 방출되지 않는 엄청난 에너지원이 될 거야. 그래서 많은 국가가 핵융합 연구에 수백만 달러를 투자하고 있어. 물론 단기간에 성공할 거라고 생각하지는 않아. 그래도 계속 연구하고 있어. 그만큼 핵융합에 거는 기대가 크거든.

훌륭한걸!

어차피 비행기는 뜰 거잖아

이런 말을 하는 사람들이 있어. "야, 뭘 그렇게 고민해? 네가 타든 안 타든, 비행기는 어차피 뜰 텐데." 아니, 그건 사실이 아니야. 생각해 봐. 항공사 입장에서는 승객을 꽉 꽉 채워서 비행하는 게 좋아. 그래야 비행기를 띄우는 데 드는 비용을 빼고도 돈이 남을 테니까. 그런데 네가 비행기를 한두 번이라도 안 탄다면, 그 비행기는 승객을 잃게 되는 거야. 충분한 수익이 나지 않는 비행기가 많아지면 항공사 대표는 고민하겠지. 그러다 인기가 없는 항공편을 줄이게 될 거야. 이렇게만 해도 공기 중으로 방출될 CO_2를 엄청 줄일 수 있어. 그러니까 네가 고민할 가치가 있는 거지.

고기도 마찬가지야. 햄버거를 주문하면서 넌 이렇게 생각할지도 몰라. "흠, 어차피 이 소는 죽었잖아. 내가 안 먹어도 누군가는 먹을 거라고." 하지만 모두가 이렇게 생각한다면 더 많은 소가 죽게 될 거야. 사람들이 햄버거를 덜 먹으면, 패스트푸드점은 더 적은 양의 고기를 주문할 테고, 정육점에서는 더 적은 소를 도축하게 될 거야. 그럼 더 많은 소가 살아남을 것이고, 농부는 새로 태어날 송아지 수를 조절하겠지. 소 한 마리당 일 년에 100kg의 메탄을 뿜어낸다고 해. 그러니까 이건 정말 고민할 가치가 있는 일이야.

다시 말하자면 휴가를 어디로 갈지, 스낵바에서 무엇을 시킬지 고민하는 건 생각보다 중요한 일이야. 네 선택이 분명 기후 변화에 영향을 주니까. 요즘 미디어에서는 친환경 에너지, 전기 자동차, 지속 가능한 채소 버거 같은 제품들의 광고가 많이 나오고 있어. 이건 회사들이 착해서가 아니야. 뭐, 어느 정도는 그럴 수도 있겠지. 하지만 이런 제품이 나오는 건 사람들이 원하기 때문이야. 회사는 사람들이 원하는 제품을 만들어야 돈을 벌 수 있잖아. 사람들이 깨끗하고, 친환경적이고, 지속 가능한 제품을 찾고 있다는 걸 알기 때문에 그런 제품을 만들기 시작한 거지. 많이 팔수록 더 저렴하게 만들 수 있고, 저렴할수록 더 많이 팔 수 있고, 더 많이 팔수록 더 나은 제품을 만들 수 있게 될 거야. 그러니까 소비자가 태양 전지판, 전기 자동차, 채식 버거를 많이 소비할수록 더 좋은 태양 전지판, 전기 자동차, 채식 버거가 나오겠지.

정치도 비슷하게 돌아간다고 보면 돼. 사람들은 자기가 선호하는 정당에 투표하잖아. 정당은 가능한 한 많은 표를 원해. 그래서 그들은 사람들의 표를 얻을 수 있을 만한 정책을 내놓으려고 노력해. 요즘은 사람들이 기후 변화에 관심이 많잖아. 뭔가를 해야 한다고 생각하는 사람이 많아지고 있는 거지. 그러니까 정치인도 결국 행동할 수밖에 없는 거야. 석탄 화력 발전소를 폐쇄하고, 오래된 자동차를 규제하고, 파리 목표를 달성하기 위해 최선을 다하자고 말하는 거지.

뭐가 얼마나 달라지겠어?

따뜻한 물로 샤워하면서 가끔 내가 하는 생각이야. 샤워를 해도 되는 온갖 변명거리를 생각해 내는 거지. '우린 이미 친환경 에너지를 갖고 있잖아.' '샤워하고, 대신에 비행기를 덜 타자.' '다른 사람들은 나보다 더 오래 샤워한다고.' '난방 온도를 낮췄으니까 괜찮아.' '공장에서는 훨씬 더 많은 에너지를 소비하고 있어.' '이 책은 친환경적인 방식으로 인쇄되었어.' '석유 회사나 자동차 회사, 중국이 먼저 나서야지.'

이럴 땐 나도 기후 부정론자 같아. 나는 온도가 오르고, 빙하가 녹고, 해수면이 상승하고 있다는 걸 잘 알고 있어. 또한 그걸 막기 위해서는 내 행동을 바꿔야 한다는 것도 알아. 그렇지만 따뜻한 샤워가 너무 좋고, 장거리 여행이 너무 좋아. 또 채식 버거만 먹으며 살고 싶지는 않아.

맞아. 내가 이렇게 말하는 건 설박하지 않아서일 수도 있어. 나는 해발 50미터에 살고 있어. 우리 집은 바다에 잠기지 않을 거야. 26도가 넘는 더위도 견딜 만할 거고, 계절풍이 늦게 불어도 우리 집 식탁에는 음식이 놓일 거야.

나는 초콜릿을 그다지 좋아하지 않는 데다, 22세기까지 살지도 못할 거야.

하지만 우리 아이들은 달라. 그 아이들도 멋진 삶을 살고 싶을 거야. 식량 문제, 해수면 문제, 산불, 폭풍, 열대성 질병 같은 걸 걱정하며 살고 싶지는 않겠지. 이것만으로도 내가 빨리 샤워를 끝내야 하는 이유는 충분해. 네가 샤워 시간을 줄이면 줄일수록 온난화 방지에 도움이 돼. 휴가를 가까운 곳으로 간다면 더욱 좋겠지. 실내 온도를 높이는 대신 스웨터를 입고, 비디오 게임 대신 보드게임을 하고, 햄버거를 줄이고, 새 핸드폰을 사지 않고 기다리는 그 하루하루가 다 도움이 돼.

그렇다고 모든 일에 자책할 필요는 없어. 불 켤 때마다, 샤워할 때마다, 소시지롤을 먹을 때마다 죄책감을 느끼면 너무 재미가 없잖아. 너무 완벽하게 하려고 하면 꾸준히 해 나갈 수 없어. 곧 이런 생각을 하게 될 테니까. '아, 기후 변화는 잊어버리자!' 이렇게 포기해 버리면 안 돼. 주변을 둘러봐. 우린 이미 잘해 나가고 있다고. 지구 온난화가 인간 활동의 결과가 아니라거나, 우리가 뭘 해도 바뀔 게 없다고 말하는 사람들은 이제 거의 없어. 기후 변화의 큰 변화는 이미 오래전에 시작되었어. 그러니까 너도 함께하지 않을래?

이벤트가 발생하는 즉시 해당 내용에 X 표시를 합니다.

🌴 기후 빙고 🌴

고기반찬이 없는 생일상	실외 히터 쓰지 않기로 함	북극 크루즈 여행	항공권이 두 배 비싸짐
최고 온도 기록이 깨짐	시슈머레프 마을이 사라짐	텍사스에서 큰부리새가 처음으로 발견됨	하이퍼루프 개통
고속 도로 제한 속도가 줄어듦	강풍 낙엽 청소기 금지	기차로 원정 경기 떠나는 스포츠팀	도시의 흰색 아스팔트
수소 버스로 가는 첫 수학여행	부모님이 차를 없앰	퀘벡에서 야자수가 자람	마지막 석탄 화력 발전소 폐쇄

🌴 기후 빙고 🌴

		마당에서 도마뱀붙이 발견
북극에서 야자수가 자람		

앞으로 기후 변화가 어떻게 흘러갈지 알기는 어려워. 매일 새로운 연구 자료, 새로운 기상 기록, 새로운 계획들이 나오고 있거든.

네가 직접 빈칸을 채워서 이 책의 수명을 늘려 봐.

기후 빙고

태양 전지판으로 된 지붕 타일	윌리 순이 자기가 틀렸다는 걸 인정	핵융합 발전소에서 나온 저렴한 에너지	에펠탑보다 더 높은 풍력 발전기
공기 100만 입자당 CO₂ 500개 이상	마지막 우는토끼 사망	팜유 금지	산불로 버려진 로스앤젤레스
새로운 교통 표지판: 정차 시에는 엔진을 끄십시오.	태양 전지 섬유로 만든 코트	태양광 및 풍력 에너지를 위한 슈퍼 배터리 발명	휘발유 자동차보다 전기 자동차가 더 많아짐
전기 비행기	로키산맥에서 스키 리프트 철거	장거리 휴가 금지	해초 발전소 건설

기후 빙고

도널드 트럼프가 날씨와 기후의 차이를 드디어 알게 됨	첫 번째 물 전쟁 발발	킬리만자로산 빙하가 녹음	스칸디나비아에 포도주 양조장이 생김
사상 최고 기온 시베리아 강타	기후 중립 학교 개교	북극곰 멸종	프랑스에서 말라리아 발병
배양육 판매	그레타 툰베리 노벨상 수상	북해에 두족류 출현	키리바시가 물에 잠김
너무나 비싼 초콜릿	포뮬러 원 자동차 경주 대회 폐지	프랑스에 태풍 발생	항공 여행 광고 금지

빙고!

감사합니다.

이 책을 쓰기 시작했을 때 저는 기후 변화에 대해 아는 게 별로 없었어요. 어쩌면 우는토끼가 저보다 많이 알고 있었을 거예요. 그래서 제게 도움을 주신 많은 전문가들에게 감사하다는 말씀을 전하고 싶어요.

원고를 꼼꼼하게 봐 준 기후학자이자 기상학자인 피터 카이퍼스에게 감사드립니다. 물리학과 화학에 관련해서는 코엔 클레인 더윌의 도움을 많이 받았고, 마크 반 헥은 지리학자지만 다른 분야에서도 많은 도움을 주었습니다. 베른트 안데베그는 지질학적 관점에서 오류가 없는지 확인해 주었습니다. 이들이 없었다면 이 책은 세상에 나올 수 없었을 거예요.

저는 트위터와 이메일로도 많은 도움을 청했습니다. 친구나 지인뿐만 아니라, 전혀 모르는 사람에게도 메시지를 보냈어요. '기후 변화에 관한 어린이책을 위한 질문'이라는 제목의 이메일에 답변해 주신 모든 분에게 감사드립니다. 그렇게까지 빠르고 자세한 답변을 받으리라고는 상상하지 못했어요.

그림도 없고 레이아웃도 정리되지 않은 상태에서 원고를 교정해 준 어린이와 부모님 들에게 감사드립니다. 일리아, 마크 투넨, 릭스트, 매즈, 마욜린 호비우스, 그리고 나의 시몬, 아니크, 에디트에게도 감사드립니다.

찾아보기